알기쉬운 동양전통 가정응급요법서

100 특효혈 자극요법

한의학 박사 **김동옥** 지음

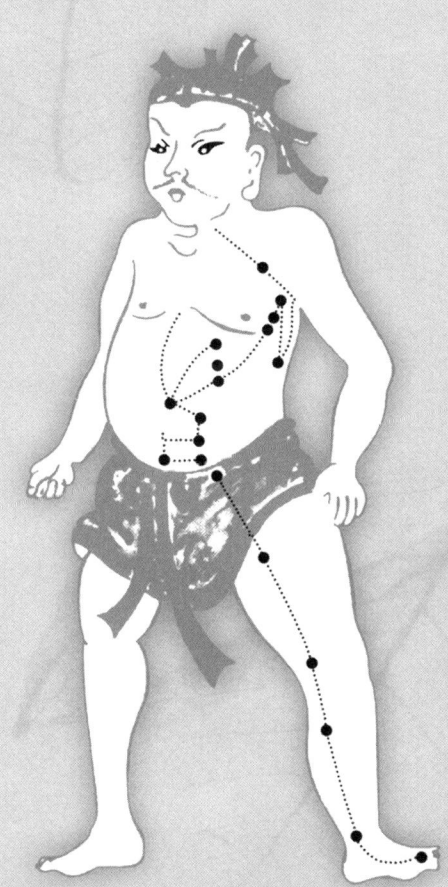

경덕출판사

병종별 100 치료혈점도(전면)

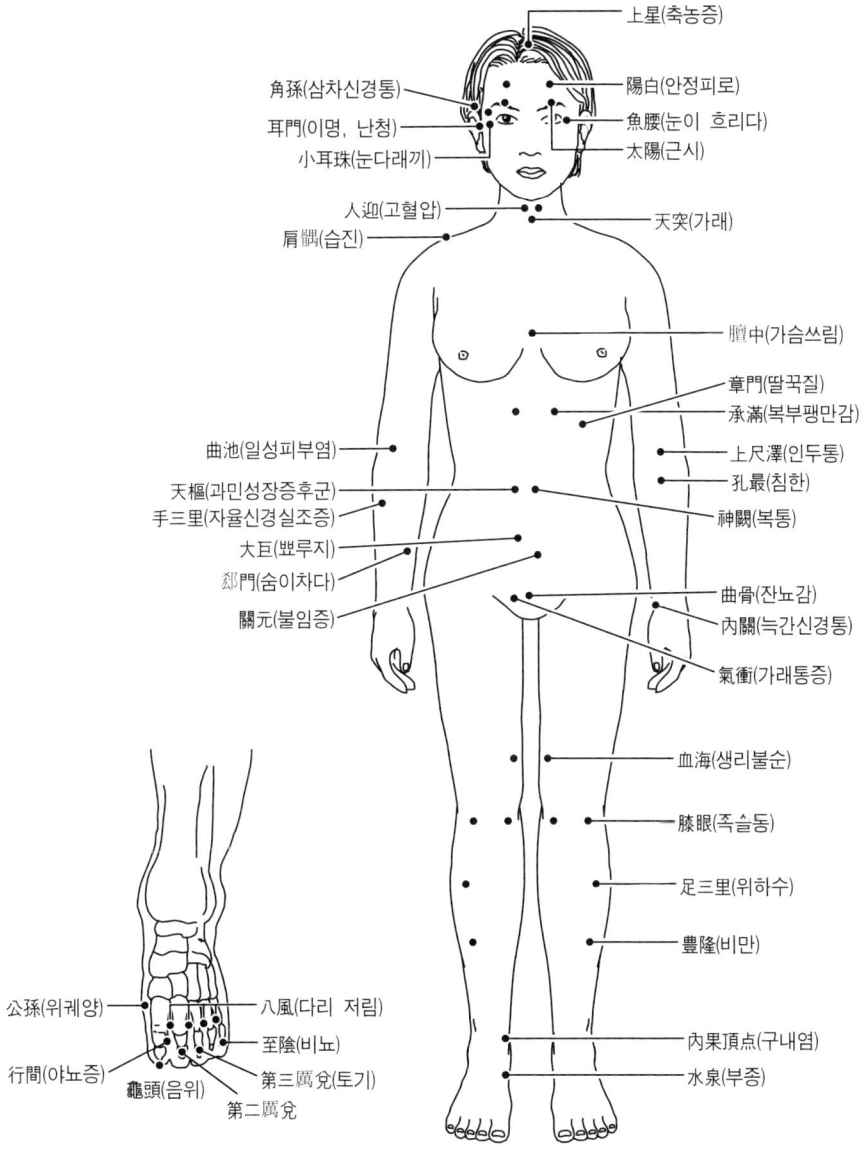

上星(축농증)

角孫(삼차신경통)
陽白(안정피로)
耳門(이명, 난청)
魚腰(눈이 흐리다)
小耳珠(눈다래끼)
太陽(근시)

人迎(고혈압)
天突(가래)
肩髃(습진)

膻中(가슴쓰림)

章門(딸꾹질)
承滿(복부팽만감)

曲池(일성피부염)
上尺澤(인두통)
孔最(침한)

天樞(과민성장증후군)
手三里(자율신경실조증)
神闕(복통)
大巨(뾰루지)
郄門(숨이차다)
曲骨(잔뇨감)
關元(불임증)
內關(늑간신경통)

氣衝(가래통증)

血海(생리불순)

膝眼(족슬동)

足三里(위하수)

豊隆(비만)

公孫(위궤양)
八風(다리 저림)
內果頂点(구내염)
至陰(비뇨)
水泉(부종)
行間(야뇨증)
第三厲兌(토기)
龜頭(음위)
第二厲兌

3

병증별 100 치료혈점도(후면)

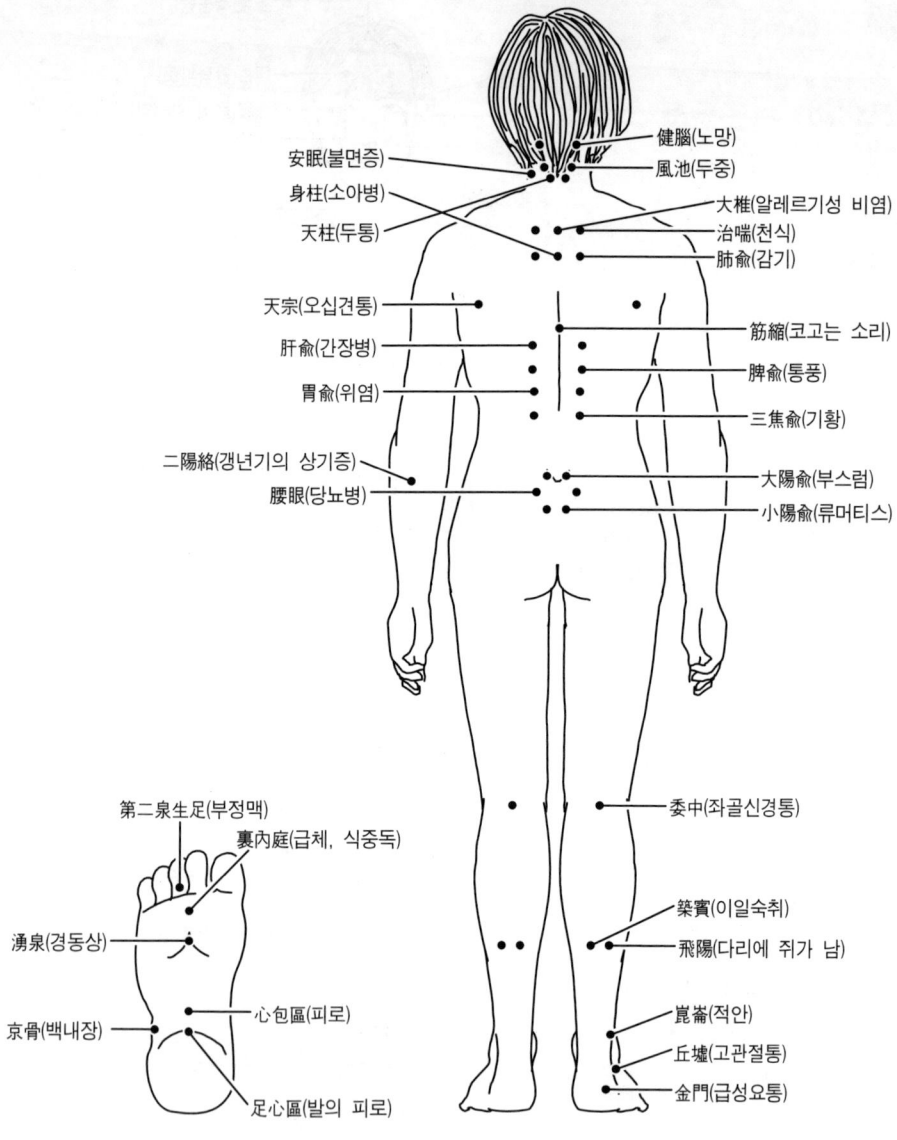

安眠(불면증)
身柱(소아병)
天柱(두통)

健腦(노망)
風池(두중)
大椎(알레르기성 비염)
治喘(천식)
肺兪(감기)

天宗(오십견통)
肝兪(간장병)
胃兪(위염)

筋縮(코고는 소리)
脾兪(통풍)
三焦兪(기황)

二陽絡(갱년기의 상기증)
腰眼(당뇨병)

大腸兪(부스럼)
小腸兪(류머티스)

第二泉生足(부정맥)
裏內庭(급체, 식중독)
湧泉(경동상)
京骨(백내장)
心包區(피로)
足心區(발의 피로)

委中(좌골신경통)

築賓(이일숙취)
飛陽(다리에 쥐가 남)
崑崙(적안)
丘墟(고관절통)
金門(급성요통)

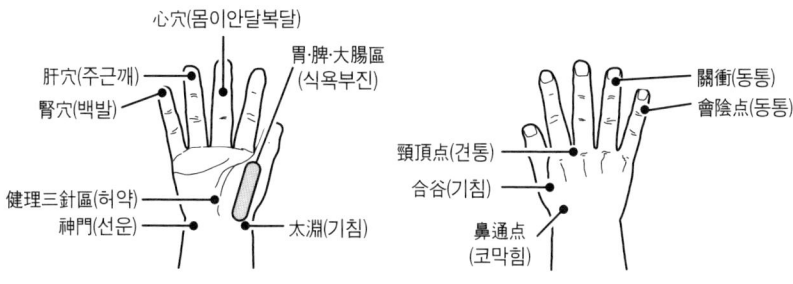

心穴(몸이안달복달)
肝穴(주근깨)
腎穴(백발)
胃·脾·大腸區
(식욕부진)
健理三針區(허약)
神門(선운)
太淵(기침)

關衝(동통)
會陰点(동통)
頸頂点(견통)
合谷(기침)
鼻通点
(코막힘)

배골·척주(背骨·脊柱) 부위도

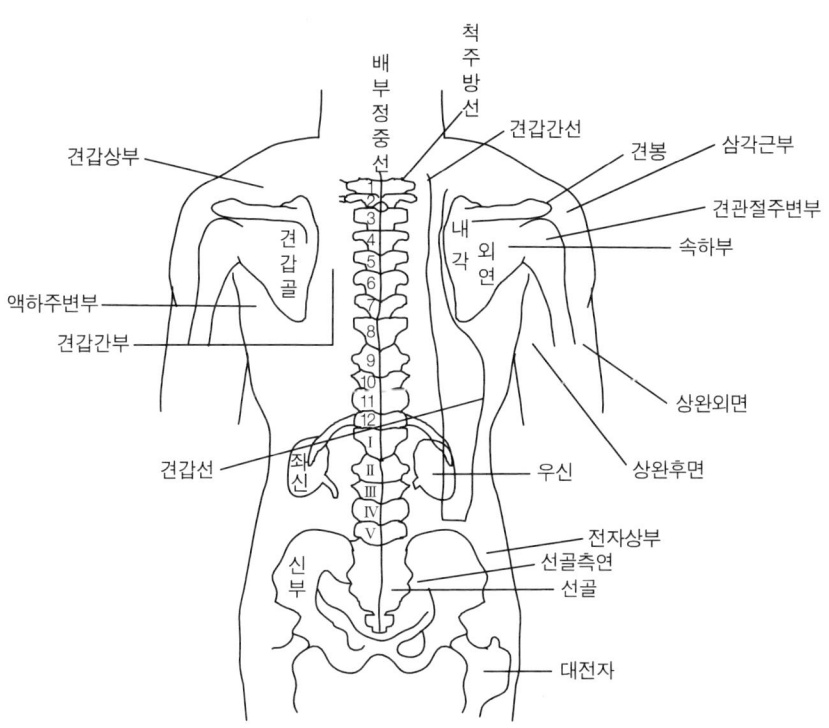

배부정중선
척주방선
견갑간선
견봉
삼각근부
견갑상부
견관절주변부
견갑골
내각
외연
속하부
액하주변부
견갑간부
상완외면
견갑선
좌신
우신
상완후면
전자상부
선골측연
선골
신부
대전자

주치증(主治症)의 혈점명(穴点名)

이 책의 주요 내용에 대해서는 본문에서 거론되겠지만 동양전통침구학의 기본 경락경혈인 365혈 중에서 침술상 가장 중요한 주치혈(主治穴) 중 일침신혈(一針神穴)이라 불리는 100명혈(名穴) 또는 특효혈(特效穴)을 엄밀히 검토 선별하여, 이에 관한 치료점을 가정요법이라는 전제 하에 병을 시술할 수 있도록 그림으로써 보여 주어 누구나 알기 쉽도록 엮었다. 그리고 자신과 가족들에게 갑자기 일어날 수 있는 질환을 병증별로 분류하여, 각 질환별 특효 혈점(穴點)의 위치에 따른 상세한 자극요법(刺戟療法)을 기술하여 가정에서 꼭 필요한 민간요법 지침서가 될 것이다. 그리고 시술에 임하여 '자극요법'에 관한 이해와 적절한 시술방법을 할 수 있다면 급·만성병도 거뜬히 치유시킬 수 있으며, 병증을 조기발견하여 손쉽게 예방치료 할 수 있도록 눈으로 판단하는 자가진단법을 알기 쉽게 설명하였다. 이에 관한 '가정요법'을 누구나 알아두기만 하면 자신과 가족들을 위해서 질병퇴치에 활용할 수가 있다는 기대를 가지고 이 책을 엮어 보았다.

무엇보다도 이 책에 소개된 시술요법의 장점은 복잡한 기구가 필요 없으며 언제 어디서나 할 수가 있다는 데 있다. 그리고 누구나 기본적인 혈점의 위치와 시술방법만 익혀 두면 자기의 신체에 병적 이상이 생겼을 때 자기 손으로 간단히 시술할 수 있고 가정에서 가족들과 함께 시술할 수 있으니 충분히 일반인들이 선호할 만한 민간요법이라고 본다.

평생 동양한의학에만 전념하여 온 본인이 직접 체험하고 느낀 것과 임상치료의 경험에 더불어 여러 중요한 문헌들을 연구 참작하면서 진솔하게 독자나 일반인들을 위한 한 권의 민간가정요법서를 남겨야 한다는 생각에서 이 책을 썼다. 그리고 한방전문가 이외는 이해하기 어려운 전문적 요소는 이 책에서 가급적 배제하였으며 여러 사람들이 보다 쉽게 이 요법서를 이해하는 데 최선의 노력을 기울였다.

이와 같은 점으로 미루어 건강을 지키기 위해서는 '건강을 잃으면 전부를 잃는다'라는 말에서 보는 것처럼 내일의 건강과 행복을 찾는 사람들을 위해서 가장 이해하기 쉽도록 엮어 보았으니 서슴지 말고 빨리 익혀시 바라는 치술(治術) 목적을 달성하기 바란다. 그리고 이 책 한 권이 가정의 건강을 지켜주며 더 많은 사람들에게 도움을 줄 수 있는 책으로서 널리 보급된다면 더 없는 기쁨이라 생각한다.

평소 동양의학에 관심을 갖은 분들에게 여러 해 전에 발간한 필자의 저서 『알기 쉬운 동양의학』이란 책자에 실렸던 「연령과 계절별 및 스트레스에 의한 질병 분석」

등과 이번 제출판하는 책에는 심한 감기 질환으로 인해 독한 양약을 마구 사용하다 보니 약해(藥害)로 고생하는 오늘에 실정을 감안하여 <u>한방 감기약 처방문 그리고 비타민 흡수방해약물표</u> 등에 관한 글을 함께 실어 소개하였다.

　끝으로 이 책이 나오기까지 심혈을 기울여 애써 주신 백산출판사 사장님을 비롯한 임직원 여러분께 깊은 감사의 마음을 전하는 바이다.

2004년 12월

著者　金東玉

차 례

제1장 | 전통가정요법

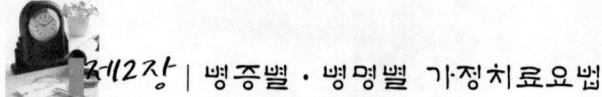

제2장 | 병증별 · 병명별 가정치료요법

제3장 | 소아(유아)의 병

제4장 | 자가진단법

제5장 | 질병의 원인과 체질의 변화

부 록

전통가정요법

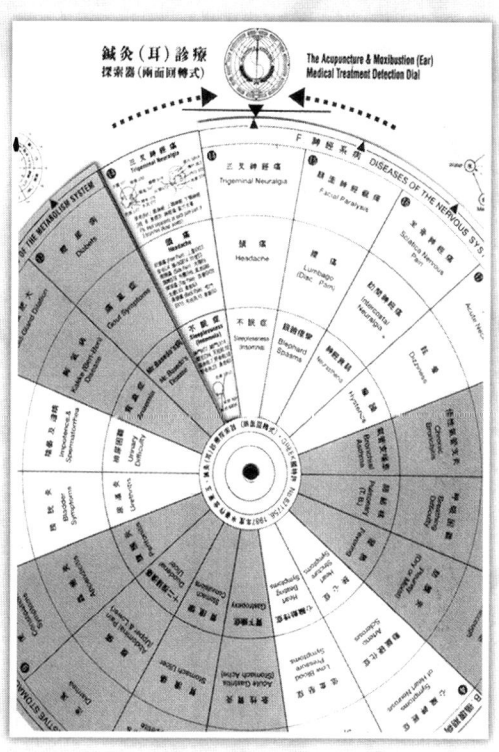

본서는 동양의학의 침구치료(鍼灸治療)와 진료법을 소개하는 전문서가 아니다. 이 책은 정통침구학(正統鍼灸學)상에서 원론적으로 말하는 음양오행(陰陽五行)이니 보사법사진법(補瀉法四診法)이니 하는 복잡한 원칙적 개념이 아닌 보다 쉬운 가정요법을 소개하기 위해 쓰여진 책이다.

1. 특효혈(特效穴)의 의미

이 책에서 기술한 특효혈이란 침구경락경혈학(鍼灸經絡經穴學)상에는 정상혈(正常穴) 365혈과 기혈(奇穴) 250혈 이상이 있다. 그리고 아시혈(阿是穴)은 만져 보아 통증을 느끼는 부위를 말한다. 이 혈은 근육통(筋肉痛) 등 표면적인 치료에 유효하며 경혈의 보조혈(補助穴)로 사용한다. 이 특효혈은 위에서 서술한 365 경혈(經穴)과 기혈들 중에서 시술치료(施術治療)에 임하여 가장 효과적인 대표 경혈들을 일컬어 주치혈(主治穴) 또는 특효혈(特效穴), 구급혈(救急穴)이라 한다.

전문 한방의술인이 되려면 실제로 한의과대학에서 소정과목을 충실하게 이수했다고 해도 실제 임상(臨床)에

처해 보면 예측하지 못한 증상에 당황하기 일쑤다. 결국 밤늦도록 동서의료학의 전문서적들을 머리를 싸매고 읽어 보고 다음날 다시 임상에 임하고 하는 일이 수없이 반복되어 긴 세월과 함께 체험이 쌓이면서 서서히 동양의학의 진단 및 치료학에 눈이 뜨이기 시작하는 것이다.

특효혈은 이처럼 오랜 임상에서 쌓은 경험에 의해 얻은 중요한 경혈이다. 이것은 한방의술의 전문인 간에도 자신의 비방혈(秘方穴)로 간직하여 친한 동료들 간에 자랑은 하지만 경험의학으로 어렵게 얻은 주치혈(主治穴)을 가르쳐 주지 않는 것이 상례이다. 그리고 이 특효혈은 침구경혈학상에서 원칙적 특효혈이라고 규정한 경혈이 아니라는 점에 유의하기 바란다.

이에 관한 침구(鍼灸)의 주치혈을 병증별로 하여 100 특효혈을 선집하였다. 여러 일반인들은 평소 일상생활 속에서 자신의 몸에 돌연히 두통(頭痛)·두중(頭重)·복통(腹痛)·토기(吐氣)·현기증(眩氣症)·현안(眩眼) 등이 따르는 불쾌한 증상들이 생길 때 혹은 눈·목·어깨·팔다리·허리 등의 신체부위에 통증을 느끼면서도 웬만한 병고(病苦)를 참고 살아간다. 혹은 이로 인한 통증에서 헤어나지 못하고 병원을 찾아가 자신의 아픈 증세를 호소하여도 명확한 병명도 가리지 못하고 간단한 주사와 약품만 줄 뿐이다. 이러한 병 상태를 놓고 한방의학에서 말하기를 반건강상태인(半健康狀態人) 혹은 반병인(半病人)이라 한다.

2. 침구요법서(鍼灸療法書)가 아닌 가정요법서

여러 가지 질병의 문제점에 있어서 이 책을 엮는 데 앞서 무엇보다 본서의 정확한 저술방향을 결정하는 데 여러 날 밤을 지새웠다. 그것은 동양의학의 특수한 학설과 치료법을 배제하면서 난해한 침구의 의료기술에 관계치 않는 가정요법서로서, 일정한 침구인(鍼灸人)이나 물리치료인(物理治療人)·지압술인(指壓術人)들에게 학구적 치료방침을 세워 정설할 침구치료서가 아니기 때문이었다. 본서가 의도한 것은 일반인들이 급작스러운 몸의 통증에 대처하기 위하여 때와 장소를 가리지 않고 통증의 장애를 해소하는 응급수단으로 이용할 수 있는 순수한 가정민간요법서라는 점이다.

침구치술면(鍼灸治術面)에서 가장 중요한 주치혈들을 기본 바탕으로 하는 특효혈과 혈의 위치, 취혈(取穴)의 방법, 병증의 해설 등을 실었다.

이는 가정요법으로서 침술(鍼術), 지압(指壓), 안마술을 동양의학의 독특한 기본원리에 입각한 치술법이 아닌 침구학(鍼灸學)상의 경혈의 주치혈을 치료점으로 삼아 책에 나타난 그림으로 풀이한 혈위흑인점(穴位黑印點)에 맨손 수기요법으로 다만 자극을 가해 주는 자극요법이라는 점에 유의하기 바란다.

3. 치술(治術)의 강·약에 의한 자극방법

침술(鍼術)·현물리치료(現物理治療)·지압(指壓) 등은 자극요법이다. 앞서 언급한 자극요법에 관한 그의 작용력이 무엇을 뜻하는 것인지 요약해서 설명하려 한다. 여기에 침술요법(鍼術療法)에 빗대어 말한다면 침(針)을 놓고 뜸(灸)을 뜬다는 이 자체는, 신체에 특별한 자극을 가하는 침치술(鍼治術)에 있어 말할 필요도 없는 기본적인 사실이다. 그런데 신체 부위에 침(針)에 의한 자극을 주면 그 자극에 대응하여 부분적으로 몸에 변화가 오고, 이어 전신에 변화가 일어날 뿐만 아니라 병소부(病巢部 ; 환부)에도 영향이 가기 때문에 치술에 임하여 침(針)의 자극적 반응을 환자의 병증상태(病症狀態)에 따라 강·약의 자극을 가려서 적절히 행하는 것은 침술요법(鍼術療法)에서 대단히 중요한 요점이다. 그런데 침의 자극을 과도하게 행하였다면 병 자체에 반응이 나쁜 영향을 가져다준다. 그러나 적당한 자극을 주게 되었을 때, 그 반응은 환자 자체의 병을 고쳐 줄 수 있는 자연치유능력을 더욱 증진시켜 병을 호전시키는 데 많은 도움이 된다. 말하자면 병체(病體)에다 적당한 침(針)의 자극을 행하는 것이 치술(治術)을 위한 필수요건이다. 침술요법(鍼術療法)이든 손가락 지압술(指壓術)이든 물리요법(物理療法)

자체가 몸을 자극하는 행위이다. 일반적으로 어떠한 도구나 방법으로 몸에 자극을 가했을 때 나타나는 자극반응에 대한 유럽의 한 의학자의 정신신경연구학설에 의하면 외부로부터 인체와 정신신경에다 강한 자극을 가해준다면 신경계(神經系)의 중개에 의하여 뇌하수체 부신계의 내분필(內分泌)에 반등이 일어나기 때문에 몸의 자극반응은 점점 외부 자극에 적응하기 위해서 나타나는 현상으로 몸에 유리한 반응이라고 하였다. 그러나 여기에 반하여 지나친 자극을 받을 경우에는 육체적 혹은 정신적 스트레스에 의하여 위궤양, 관절염, 고혈압, 당뇨병 등이 발생한다. 또한 두통, 복통, 불면, 변비 등은 대체적으로 정신적 스트레스의 요인에서 온 질병들로서 간주되며 한편 육체적인 요인에 의해서 유발하는 질환 또한 많다. 요는 침술요법에 있어서 자극요법은 침구치료에서 환자의 질병상태에 접하여 허(虛)와 실(實)과 보사법(補瀉法)으로 진단을 가려서 치료에 임하는 가장 중요한 자극법의 하나이다.

때문에 전술한 내용은 전문 침구학적인 내용이며 본 자극요법의 강·약을 요약하여 말한다면 노약자나 어린아이 또는 허약한 사람과 신체가 실(實)한 사람을 각별히 가려서 몸이 허약한 사람에게는 약하게, 몸이 보통 건강하고 실한 사람에게는 강하게 강도를 맞춰 자극요법을 시술하는데 유의하기 바란다.

4. 동양의학의 병리사상론에 의한 기(氣)와 혈(穴) 및 장부경락의 관련성

동양의학에서 생각하는 병리사상론에 의하면, 인체의 생명현상에 관해 서양의학에는 없는 개념인 기(氣)와 혈(血)의 병리학적인 개념은 인체의 경맥(經脈)의 내외를 순환하면서 오장육부(五臟六腑)의 하나하나에 각기 나누어져 있는 12경맥(經脈)의 폐(肺)에서 시작하며, 다음에는 대장(大腸), 위(胃), 비장(脾), 심(心), 소장(小腸), 신(腎), 심포(心包), 삼초(三焦), 담(膽), 간장(肝臟)으로까지 돌아갔다가 간경(肝經)에서 폐경(肺經)으로 다시 돌아온다. 이처럼 기·혈의 순환계는 전체가 하나의 유통(流通)으로 이어져 온몸을 돌면서 몸의 활동을 다스리고 있는 것이다. 그런데 동양의학의 견지에서는 신체상에 여러 가지 질병상(疾病狀)이 존재하는 것은 결국 기혈이 순조롭지 못하여 오장육부의 기능이 부조화(不調和 ; unbalance) 때문이라고 보았다 그리고 신경통(神經痛) 같은 질병은 기혈의 유통과정이 잘 안 되기 때문이며, 신체 각 부위에 산재해 있는 경혈(經穴) 또는 경락(經絡)의 도근(道筋) 등이 몰리기 쉬운 곳에 기혈이 체(滯)하면 병의 원인이 된다고 하였다. 쉽게 말하면, 신체상에 있어서 기혈(氣血)이 부조화하거나 혹은 기혈이 체(滯)하는 것은 마치 틀어 놓은 수돗물의 호스를 밟고 있는 것과도 같은 이치라 하겠다.

이제 서양의학에는 없는 개념인 기와 혈 중 우선 '氣'에 대하여 살펴보고자 한다. 우리가 일상생활에서 흔히 쓰는 '기운이 없다.' '기력이 없다.' 또는 '원기(元氣)가 부족하다.' '근기(根氣)' 등의 말의 유래가 바로 동양의학에서 가리키는 '氣'인데 이것을 명확히 단정하여 표현하기는 어렵다. 그러나 대체적으로 보면 '氣'란 온몸에 생명활동을 불어넣는 정력(精力 ; 에너지)이라 할 수 있으며, 고대 중국의 개념으로서는 천지(天地)의 생성변화(生成變化)와 인간의 생명활동을 가능케 하는 근원적인 생명력이라고 규정할 수가 있겠다. 한편, 기(氣)가 양(陽)이라면 혈(血)은 음(陰)인 것이다.

다음 '血'에 대하여 살펴보면 이 '血'은 액체(液體)나 혈액처럼 형상 없이 경맥(經脈) 속을 유통하고 있으며 이 血은 氣와 동화하고 협조함으로써 일체가 되어 기능을 발휘하기 때문에 血과 氣는 불가분의 관계에 있다. 고전의 사객편(邪客篇)에 의하면 "영기(營氣)는 진액(津液)을 분비하여 이것이 맥(脈)으로 흘러(注) 모여 변화한 것이 '血'로 된다"고 하여 마치 가솔린을 엔진부분으로 보내주는 전력에너지와 같은 것이라고 하겠다. 또한 몸속에 氣·血이 흘러가는 여러 유통의 길을 경락(經絡)이라 하는데, 이것은 인체 내부 장부의 체표(體表)를 연결짓고 있으며, 신체상에 어떤 질병(疾病)이 있으면 이 경락상

(經絡上)에 반응점이 경혈(經穴)에 있음을 뜻하게 된다. 말하자면 경락 및 경혈은 외계와 통하는 대소문이라 할 수가 있겠다. 그리하여 신체부위나 장부에 이상이 생기면 이것이 경혈에 나타난다. 그리고 가령 감기에 걸려 체내에 외사(外邪)가 침입하게 되면 기혈의 정상적인 순환은 부조(不調) 또는 변조(變調)로 인한 병상이 된다. 이렇게 되면 갑자기 콧물, 기침이 나고, 목덜미와 배면(背面)에 오싹한 한기를 느끼게 되는데, 이러한 증상의 개소(個所)들이 바로 경혈이다. 이것은 풍사(風邪)가 침입하여 머무르고 있기 때문에 기와 혈의 순환 유통이 조화를 이루지 못한 것으로 간주한다. 그리하여 감기가 최초에 들어온 것이(다음 설명은 경혈명(經穴名)이다) 풍문(風門)이라는 혈(穴)이며 이것은 풍지(風池)의 혈(穴)에 머무르게 되고 다음은 풍사(風邪)가 풍부(風府)의 혈(穴) 등으로 집합한다고 말한다. 그러므로 감기의 치료에 있어 이 경혈들은 중대한 치료점으로 선택한다.

한편, 서양의학에 있어서는 감기에 걸린 것은 병원균(病原菌 ; 바이러스)에 감염됐기 때문이라고 한다. 그러나 서양의학의 입장에서는 체내의 기능과 저항력이 약해져 있기 때문에 병원균(바이러스) 등의 외사가 침입하여 병이 된 것으로 생각한다. 그런데 가령 유행성 감기가 한창 전염할 때 어떤 사람은 감염되고 또 어떤 사람은 그렇지 않은 것은 즉 병원균만이 감염의 원인이 아니다. 그것은 동양의학의 입장에서 보면 기혈의 부족이나 부조

(不調)로 인하여 신체기능의 저하 또는 저항력이 약해졌기 때문이라고 간주할 수 있다. 그리하여 치료면에서 특히 기혈 및 장부 기능과의 관계와 경락 및 기혈, 허(虛)와 실(實) 등 이러한 관련성에 대하여 고찰하였다.

이상 전문(前文)에서 밝혔듯이 현물리치료법이나 침구요법의 자체가 자극을 가하는 자극요법이며, 한방의학의 병리학상에서 생각하기를 기와 혈은 상호조화에 의하여 생명을 유지시킨다는 생명현상에 대한 서양의학에는 없는 기혈의 개념을 설명하였다. 실은 본문과는 다소 관계없는 글 내용이지만 동양의학에 대한 기본지식 및 고유의 전통의료학을 이해하고 본서의 의료관을 심어주기 위하여 어디까지나 동양의학의 견해를 가진 입장에서 쓴 것임을 밝혀 둔다.

5. 구요법(灸療法)

1) 구술요법(灸術療法 ; 뜸)의 의의와 구치술방법

구치술(灸治術)은 한방의학의 침구학(鍼灸學)의 오랜 역사를 이어온 전통치료법으로만이 아니라 특히 구술요법은 독특한 민간대중의 치병과 보건, 병의 예방 등의 목적을 위하여 선사인들 때부터 일반 대중 속에 뿌리 깊은 민간요법으로서 널리 사용되어 왔다.

이 구법은 침구학의 기본원리를 전혀 모른다 해도 시구점(施灸點)의 경혈들만 알면 누구나 할 수 있는 침술이다. 그리고 침구경혈학에서 일컫는 아시혈(阿是穴)은 정혈이 아니며, 눌러서 진통을 느끼는 부위를 말한다. 실례를 들면 독충에 손이나 발이 물렸을 때 쓰리고 가렵고 아픈 상처에다 몇 장 정도 쑥뜸을 떴을 때 기분 좋은 정도의 구열감(灸熱感)을 느끼면 동통(疼痛)도 점차 사라지게 된다. 환부에는 구의 화열자극(火熱刺戟)에 의하여 항생약 대신 살균이 되고, 그 부위에 '히스도도기신'이라는 유효한 물질이 생기기 때문에 치효작용(治效作用)이 있다고 한다. 다음은 필자가 체험한 것을 소개한다.

그는 30대의 남자 회사원이었다. 그의 종아리에 크고 작은 사마귀가 많이 나 있었다. 그 중 제일 큰 사마귀에 쑥뜸을 떴다. 사마귀의 살이 점점 타 들어가도록 몇 번을 뜸을 뜨고 살펴보니 다른 크고 작은 사마귀도 모두 없어져 버렸다. 이밖에 다른 예를 들자면 손과 발바닥, 손가락의 사이 등에 계안(鷄眼 ; 티눈)이 있어 그 위에 뜸쑥을 놓고 끈기 있게 계속 뜸을 뜨면 '티눈'의 병적 조직이 타 들어가 변질되면서 고통 없이 '티눈'이 떨어져 나가 버린다. 가령 여러 곳에 티눈이 있을 경우 제일 큰 것을 없애 버리면 그 밖의 작은 것도 위에서 언급한 사마귀의 구치술(灸治術) 경우와 같은 현상을 보인다.

한 가지 더 예를 들면, 특히 가정주부들이 거친 일을 하다가 생긴 손끝, 손톱 사이의 상처가 곪아 이로 인한 통증으로 밤잠을 이루지 못하는 일이 생길 수 있는데 이 병명을 표저염(瘭疽炎)이라 한다. 환지(患指)의 손톱 각의 2~3mm 떨어진 양쪽 부위에다 소구의 뜸을 몇 장 뜨면 초기증세인 경우에는 뜸을 뜨는 동안 통증이 사라지며 그대로 낫는다. 전술한 구시술의 몇 가지 실례에 대한 설명은 정상경혈과는 무관한 환부에다 직접 치술하는 것을 국소혈(局所穴) 또는 아시혈이라 한다. 본문에 가서 다음 그림과 해설에서 자세한 설명을 하겠지만 우선 구법(灸法)에 대한 몇 가지 사례를 언급하여 보겠다.

예부터, 임신 중 자궁 안에 태아의 위치가 거꾸로 되어 있는 것을 대부분 정상 위치로 돌아오게 하고, 임산부의 난산으로 인한 고통을 감소시켜 순산시키는 명혈이 지음혈(至陰穴 ; 발의 소지외측과갑각(小指外側瓜甲角)에서 1mm)

이다. 이 혈(穴)은 난산을 바로잡아 주는 구(뜸)라 하여 옛 민간에서 널리 사용하여 왔다. 예부터 세상 사람들은 구(灸)라고 하면 흔히 족삼리혈(足三里穴)의 뜸이라고 말할 만큼 대단히 유명한 뜸자리로 알려져 왔다. 삼리라는 것은 경혈의 이름으로 수(手)·족(足)에 같은 이름의 경혈이다. 본래 수삼리와 족삼리로 구별된 경혈이지만, 특히 다리 측의 족삼리혈이 명구혈로서 알려졌다.

취혈(取穴)의 부위 : 무릎 바깥 왼측의 하방에 돌기(突起)한 뼈에 손끝이 정지하는 배골소두(背骨小頭)를 이은 점에 잡는다. 중국의 고의서에 의하면 '30세 이상이 된 사람이 족삼리에 뜸을 뜨지 않으면 상기(上氣)하여 안시력이 나쁘기에 삼리혈에 구(뜸)를 뜨면 기를 내려 시력이 약해지는 것을 예방한다'고 한다. 또는 이 삼리혈에 시구하면 하지를 따뜻하게 하며 다리의 힘을 증강하여 주는 것으로 유도적으로 상반신의 혈행(血行)을 조정시켜 병통을 해소하는 데 유효한 도움을 준다고 하였다. 옛 사람들이 말한 두한족열(頭寒足熱)은 이를 두고 말한 것이다. 그리고 삼리혈은 위경락에 속한 경혈로서 나이 40세가 되어 평소 삼리혈에 시구를 하면 위장을 건강하게 하며 노쇠(老衰)를 예방하고, 모든 질병을 예방할 수 있을 뿐만 아니라 장수하는 방법으로 여겨졌다. 또한 중국과 일본의 옛 의서(醫書)에 쓰여진 설에 의하면 '족삼리에 시구(施灸)를 하지 않은 사람과는 같이 여행을 하지 마라'라고 하였다. 예전에 필자가 육군 특전부대에 침구학을 강의하는 강사로부터 들은 이야기를 여기에 실어보겠다. 침술강사는 경혈 중에서 너무나 유명한 명혈(名穴)인 족삼리혈에다 한 소대원들에게는 시구를 하고, 다른 소대원들에게는 시구를 하지 않고 완전 무장시켜 행군을 시켰다. 그랬더니 행군에서 돌아온 시구하지 않은 소대는 낙오자가 발생한 반면 족삼리에 시구한 소대에서는 한 명의 낙오자도 발생하지 않았다 한다. 그 후 그 부대에서는 침구학 자체를 군인 자위수단요법으로서 부대의 필수 소정교육과정으로 결정하였다고 한다. 특히 이 삼리혈은 보건구 뿐만 아니라 침구치술에서나 민간요법을 위한 단일혈로서 예부터 민간에 널리 알려진 침구혈이다.

예부터 소아병의 유명한 상구혈(常灸穴)로 알려진 신주혈(身柱穴)에 관해 살펴본다. 이 명혈은 서양의학이 도래(渡來)하기 전부터 근래에 이르기까지 무의촌이나 산간지방 등에서 신생아나 소아동들이 감기나 토유(吐乳), 소화불량, 설사, 백일해, 감질증(疳疾症) 등 이런 전반적인 소아의 질환병들을 구(뜸)의 요법으로서 민가에 널리 사용하여 왔다. 일본의 침구의서에 의하면 속 '신주혈(지리개)'의 구(灸)라 불리어 소아병의 일절을 다스리는 이 신주혈의 시구는 위에 기술한 질병을 비롯한 소아의 신경증 및 호흡기성 질환 등에 소아병에 대한 세속적인 민간요법으로 시골지방에서는 지금도 관습화되어 있다. 그리고 시골 산간지방에서는 생후 백일 이내 태어난 신생아에게 신주의 경혈에다 시구를 하는 것이 상습이 되었다. 이것은 유아의 감기와 백일해를 사전에 예방하기 위한 목적에서였다. 그리고 60년 전만 하여도 결핵병의 예방을 위하여 지방에서는 초등학교의 허약한 어린 아동에게 계속 침구를 실시하여 왔다. 그런데 시술요법이 허약체질의 어린 아동에 체위를 향상시키고 건강을 증진시키는 데도 불구하고 신서양의학에 의하여 시구가 질병의 예방과 보건에 대단히 유해하다고 인식한 나머지 아동의 보건과 건강을 위한 문제로 삼았다.

한방침구의 유명한 전문학자이며, 양의(洋醫)인 일본인 마나까 요시오(間中喜雄) 박사의 저서에 의하면 옛날 두 어린 아들이 있었는데 둘째 아들이 유난히 몸이 약한 데다 늘 감기가 들어 고통 속에서 지내고 있었다. 보다 못해 침구의서에서 소아의 질병을 전반적으로 다스린다는 소아병의 주치혈인 신주(身柱)의 구혈에다 차혈(此穴)의 시험도 할 겸 며칠 동안 시구(뜸)를 하여 보았다. 그런데 그 이후 감기 한번 걸리지 않고 튼튼한 소년으로 자라 겨울철에도 옷이 무겁고 답답하다고 벗어버리며 건강하게 잘 자랐다. 반면에 큰아들은 소아 때는 튼튼한 몸으로 자라던 것이 중학생이 되면서부터 자주 감기가 들고 몸이 약해지는 것을 지켜볼 때 작은아이처럼 큰 아이의 어린 소아 때 미리 감기예방과 보건 건강을 위하여 신주의 특효혈에다 뜸을 떠 주었으면 얼마나 좋았을까 하는 아쉬운 감을 가졌다는 그의 소감의 글을 읽은 적이 있다.

이상 신주의 경혈은 소아상용의 주치혈로서 예부터 일

본과 중국을 비롯한 산간지방에서는 아직도 민간요법으로서 널리 습속화하고 있다.

2) 구(灸 ; 뜸)요법의 실태와 구의 종류

구치술(灸治術)에는 원래 건조한 쑥잎(艾葉 ; 애엽)을 재료로 사용한다. 그리고 구치술법은 시구하고자 하는 신체부위의 특정한 경혈점에다 쑥잎을 연소시켜 생채의 피부나 근육의 체표부(體表部) 등에 화열적 자극에 의하여 생체기능의 변조를 일으키고 또한 저항력을 증강시키며 나아가서는 건강을 증진시킨다. 그리고 구요법은 치술뿐만 아니라 병의 예방과 보건기구로써 치효작용이 있다. 따라서 구치술은 급성 병에도 응급처치를 할 수가 있다.

증례를 들자면 사마귀나 티눈(발바닥)을 시구에 의하여 제거하고, 뱀이나 독충에 물렸을 경우에 구는 상처 입은 환부에 지혈, 소독, 신체의 병적 조직의 파기를 막는 데 사용된다. 따라서 구(뜸)요법의 응급처치에 의하여 아픈 병증을 해소시켜주고 또는 괴로운 병통을 가볍게 해주며, 만성병에도 유효한 치료적 의의가 있다. 그런데 구요법에 있어 애로점이라 하면 시구 후에 구창(灸瘡) 즉 화상처(火傷處)가 생긴다는 것이다. 그래서 피부에 화상처가 생기는 것을 싫어하는 사람은 온기라고 불리는 일종의 격물구(膈物灸)의 방법을 사용한다.

다음은 유창구(有瘡灸)와 무창구(無瘡灸)에 대해서 알

아보자. 유창구는 피부에 직접 쑥을 붙여 알의 크기에 상관없이 불로 연소시켜 구창(灸瘡)이 생기게 하는 것으로 이것이 원래 구(뜸)치료의 방법이다. 여기에 반하여 무창구(無瘡灸)는 피부에 쑥을 직접 연소시키지 않고 격물구(隔物灸) 및 간접구법 또는 온열구라고 불리는 요법을 사용한다. 이에 관한 간접구(間接灸)에는 시구점(施灸點)의 피부에다 마늘·생강의 절편(切片)에 바늘구멍을 내고 소금 등 그 위에 적당한 양의 쑥을 얹어 시구를 행하는 것이 무창구요법이다.

다음은 구요법에 있어 지열구(知熱灸)라는 요법이다.

지열구의 사용 용법은 구점에다 직접 뜸을 뜨는 것으로 열감을 느낄 때까지 몇 번이고 계속 뜸을 떠서 열감을 느끼게 하는 용법이다. 그리고 또한 시구점에다 피구 위에 쑥이 전부 타버릴 때까지 연소시키지 않고 뜨겁다고 느낄 때 즉시 떼어버리고 계속 몇 번이고 반복하는 것이 지열구의 요법이다. 그리고 이밖에 애조봉(艾條棒) 일명 쑥뜸봉이라는 것이 있다. 이것은 쑥 뭉치를 상피지(桑皮紙)로 말아서 만든 굵은 연필 크기의 쑥뜸봉이다. 이것은 피부 부위의 구점에다 쑥봉을 연소시킨 화열을 간격을 두고 가까이 접근시켜 뜨거우면 떼고 계속 반복하는 지열법이다. 이 방법은 후에 구창이 생기지 않는 좋은 방법이다. 그리고 온구기(溫灸器)의 각종 제품들이 시내 의료기구 상점에서 토기 및 금속제의 기구, 전열을 이용한 전구기 등으로 많이 판매되고 있다.

3) 시구(施灸)의 주의

(1) 시구한 날은 목욕하는 것을 피해야 한다. 그리고 뜸 뜬 자리는 만지지 말아야 한다.

(2) 소아에게는 시구를 행할 때 쑥 뭉치는 반미립(半米粒 ; 쌀알의 반)의 크기가 적당하며 혹은 지열구를 사용하는 것이 좋다.

(3) 쑥뜸을 뜬 후 수포(水疱) 일명 '물집'이 생겼을 경우, 소독한 바늘 끝으로 '물집'을 찔러 물을 빼버리고 가피(痂皮)살껍질 위에 계속 뜸을 뜰 수 있다.

(4) 신경질적이고 감수성이 강한 사람이나 소아 등 특히 시구할 때 뜨거운 열감을 참지 못하는 사람들이 있다. 이러한 경우에는 우선 몇 장 뜸을 뜰 때 '쑥뜸'이 완전히 연소되기 전에 재빨리 떼어버린다. 이것은 구창이 생기지 않는 온열자극에 해당한다.

(5) 만약에 뜸뜬 자리에 화농(火膿)이 되었으면 뜸을 중지하고 농이 다른 곳에 묻지 않도록 주의하며 소독액으로 닦아내어 연고 같은 항생유제를 사용하지 말고 다이야중 항생분말용제를 사용하여 속히 상처가 건조되도록 손을 쓴다.

(6) 안면부(顔面部)에는 금구(禁灸)이다. 그리고 임산부의 하복부 또는 열성병 환자에게는 시구를 하지 않는다.

전문침구의들은 침구학의 기본원칙에 의하여 경락·경혈을 맞추어 급소치료 및 전체치료, 원격치료 등 고급기술을 구사하기 때문에 침술요법은 치료기술이 필요하지만, 구술법에 있어서는 누구나 쉽게 할 수 있다고 본다. 침의 혈에 관한 기초적 지식이 있다면 더할 나위 없지만, 구술에 생소한 사람이라도 예전에 보면 머리감각이 있는 사람은 손으로 눌러보아 압통점을 골라 시구를 솜씨 있게 잘하는 사람을 보았다.

　어느 구가(灸家)가 말하기를 몸이 쑤시고 아픈 통증은 주로 아픈 곳을 하나하나 눌러서 가장 아픈 곳이 바로 시구점(施灸點)이라 하였다.

6. 가정요법의 의의와 필요성

　예부터 구(뜸)요법은 침술과 더불어 질병치료의 목적 이외 민간요법으로서, 일반 대중을 위한 가정요법으로 널리 활용하여 왔다. 요즘 젊은 현대인들은 모르지만 시골 지방에서 태어난 나이가 든 사람들의 몸을 보면 특히 복(腹)이나, 등(背) 언저리에 구창(쑥뜸을 한 흔적)이 흔히 보인다. 옛날이나 지금이나 의료혜택을 제대로 못 받는 오지에서는 갑자기 배를 싸안고 뒹굴며 죽어가던 사람이 명치끝에 침이나 뜸을 뜨고 나면 숨을 몰아쉬며 자리에서 일어나는 것을 흔히 볼 수 있다. 마치 위에 구멍이 뚫려 큰일이 날 것 같은데도 결과는 반대다. 과학적으로 연구 분석하여 해명이 불가능한 일이란 말이 그래서 나온다. 오늘날 서양의학에서는 내과·외과의 질환뿐만 아니라 체중감소 및 마약중독, 금연과 대머리 치료까지 침구시술법이 이용된다. 실례로 한 환자가 다리 부위에 악성종기를 치료하기 위해서 병원의 전문피부과를 찾아가 강력한 항생제 투여와 수술치료를 받고도 낫지 않아 무척 고심하고 있었다. 어느 날 그의 친지 한 사람이 보더니 한번 고쳐 보겠다고 했다. 그때 환자의 심정은 거의 포기 상태였다. 그는 환부의 농을 깨끗이 닦아낸 후 구(뜸)를 며칠 계속 뜨고 고약을 붙였다. 그 후 부패된 살이 있었던 환부에

새살이 나오기 시작하였고 깨끗하게 완치되었다.

한 실례를 더 들자. 오래 전에 서울 종로에 YMCA 회관 건물에 침구학원이 있었다. 그리고 이 건물은 호텔·숙박을 겸한 건물이었다. 권오현 선생이라는 분이 그의 교실에서 침술학을 강의하고 있을 때 위층의 호텔종업원 한 사람이 와서 "선생님! 큰 일 났습니다. 호텔에 숙박하고 있는 일본인 손님이 갑자기 아프다고 배를 싸안고 뒹굴어, 호텔 근처에 의사를 불러다 주사를 놓고 약을 먹여도 계속 배가 아프다고 해서, 다른 의사를 불러 치료를 받아도 아프다고 합니다. 침술에 용하신 권 선생님이 그 손님을 한번만 보아주십시오"하며 종업원이 부탁을 했다. 마침 강의를 마친 후였기 때문에 종업원과 함께 가 보았다. 환자는 종업원의 말대로 배를 껴안은 상태로 몹시 신음하고 있었다. 그는 환자의 양말을 벗기고, 이내정혈(裏內庭穴 ; 둘째 발가락을 아래쪽으로 구부려서 닿는 점)에다 시구를 시작하였다. 종업원은 권 선생의 행동을 의아하게 생각하며 지켜보고 있었다. 그는 아무 말 없이 뜸을 놓았다. 한 장, 두 장…일곱 장째 뜸을 놓을 때 환자는 가만히 있다가 갑자기 "앗 쓰이(앗! 뜨거워)"하며 외쳤다. 권 선생은 이제 됐다고 하면서 일어섰다. 호텔 종업원은 의아한 생각에 무엇이 됐냐고 물었다. 그의 생각은 두 사람의 전문의가 왕진을 와서 환자를 고치지도 못하고 돌아갔는데 어떻게 된 것인지 의아하게 생각하지 않을 수 없었다. 그는 다시 "다 나은 겁니까?"라고 물었다. 침구를 시술한 선생은 "그래, 이제 다 됐네."라며 돌아보지도 않고 아래층 교실로 돌아갔다. 조금 뒤 젊은 종업원이 권 선생을 찾아와서 호텔 손님의 복통이 완전히 나았다고 감사하다며 어떻게 사례를 해야 되는지 물어오라고 했다고 한다. 이렇듯 이 동양의학적 민간요법은 쉽고 간단한 치술을 행함으로써 대중을 위한 가정요법으로서의 의의를 갖는다고 하겠다.

현대를 살아가는 사람들에게는 무엇보다 '한 평생을 살아가는데 어떻게 질병 없이 건강하게 살아가느냐?'가 가장 문제가 될 것이다. 그런데 오늘날 현대의학이 눈부신 고도의 과학기술과 경이적인 의학의 진보발달에도 불구하고 모든 질병을 고칠 수 있는 완벽한 의학은 아닐 것이다. 이것은 현대의학을 부정하는 말이 아니다. 물론 우리들은 위중한 병에 걸리면 현대의학에 구원의 도움을 받아야 한다. 그러나 여기에 따르는 약으로 인한 피해, 의료사고, 제대로 갖추어지지 않은 의료법제도 등 일부 문제점도 있다. 그리고 한편, 현대의학이 미치지 못하는 일부 만성질환병이나 손 쓸 수 없는 반 건강상태의 질환에 있어서 사람들은 동양의학에만 희망과 기대를 갖게 되기도 한다. 동양의학은 현대의학과 달리 경험의학으로서 오랜 역사를 통하여 전통의학의 체계를 구축해 왔다. 그리고 가정요법은 그러한 동양의학 속에서 영향을 받아 민가에 전파되어오다가 19세기 말경에 이르러 서양의 새로운 문명과 의학의 발달에 영향을 받으면서 동양의학의 주류로서의 한방의학은 쇠퇴하기 시작한다. 즉, 서양의학의 새로운 의료제도와 의료교육학교가 생기게 되자 수천년 전부터 계승되어 온 동양의 전통의학은 신문명 의학에 밀리게 되고, 끝내는 민간요법으로 모습을 달리하게 된다. 이 당시부터 특히 같은 한자문화권인 한국, 일본, 중국 등의 한방의학은 그 오랜 역사동안 대중을 위한 의료체제로서, 이제는 명분만을 유지하게 되었다. 누가 진정한 한의사인지 구분하기가 어렵고, 한자나 배우고 한의학의 초보적 지식만 가진 사람이면 거의가 자칭 한의사가 되고 있다. '맥도 모르며 침통만 흔든다'라는 말은 그런 의미를 가진 말이다. 그리하여 전통한방의학을 체계적으로 배우고 연구한 한의사나, 한의학자들은 큰 도시에 집중되어 있고, 그 밖에 의생(醫生)들은 시골지방과 산간부락 등지에 널리 퍼져 있다. 현재 중국에는 적각의생(赤脚醫生) 일명 '맨발의 의생'이라고 부르는 말단 의료제도가 있다. 중국은 매우 지역이 넓기 때문에 먼 지방과 시골 산간에는 의사의 손이 미치지 못하는 무의촌이 많이 있다. 이 때문에 이러한 말단제도가 만들어졌다. 농민 출신으로 누구든 의학교육을 받던지 안 받던지 간에 자격기준도 없으며 침구술에 초보적 지식만 있으면 적각의생으로 맡은바 의료책임을 가지고 부락민들을 위하여 의료봉사를 하고 있다. 그리고 개중에 병원에 입원이 필요하다고 판단되면 도시의 병원으로 보내고 간단한 치술행위를 한다. 의생들의 의술행위는 대중 속을 파고들고 산간에 있는 민가를 찾아가서 치료를 베푼다. 그리고 때로는 환자의 병 상태를 보아 계속 통원치료를 굳이 하지 않아도 가능하다는 생각이 들면 집에서 환자로 하여금 직접 가료(加療)를 할 수 있게 시구방법(뜸뜨는 방법)을 친절히 가르쳐 주기도 한다. 이렇듯 치술자는 의료를 행하는 동시에 가정요법 지도까지 해준다. 민간의 제일선에서 열심히 활약하는 중국의 의료인은 환자와 치술자 사이를 떠나 지금 현대인의 문명사회에서는 찾아보기 힘든, 맡은바 책임에 적극적이고, 소박한 마음과 따뜻한 인간상을 가졌다는 것을 알 수 있다. 아직도 오지에서 사는 농민들은 가정요법을 그들의 생활의 지혜로 삼아 가족들의 병을 다스리고 자가 치료수단으로서 널리 활용하고 있다.

7. 잊혀져 가는 선인들의 생활 지혜

지금 현대인들은 선인들의 세속적인 생활의 지혜를 잃어가고 있다. 온고지신(溫故知新)이라는 말이 있다. 옛 것을 익히고 그것을 미루어 새로운 것을 안다는 말과 같이 오늘날 젊은 사람들은 옛 것을 전혀 모른다고 해도 과언이 아니다. 예를 들자면 요즘 사람들은 조금만 아파도 병원으로 간다. 그리고 신경이 예민한 사람 중에는 의사의 의존성(依存性)이 강해 병원에서 받아온 약, 약방에서 사온 약을 머리맡에나 책상위에 즐비하게 늘어놓고 이 약, 저 약 마구 먹고 사는 사람도 흔히 볼 수 있다. 임신한 젊은 여성이 잇몸이 아프고 치아가 흔들려 치과 병원으로 갔다. 그런데 전문 치과의가 치아 치료에만 집중하여 치료한다면 어떠한 결과를 낳을까? 동양의학의 치료관은 한 병증을 정하는 데 우선 병의 주원인이 무엇인지, 부분이 아닌 전체를 보고 생각한다. 이러한 관점에서 볼 때 임산부는 그의 치아병 자체에서 생긴 원인이 아니고 임산부의 배속에 자라고 있는 아기가 뼈를 만들기 위해 모체의 칼슘을 섭취를 하다 보니 임산부의 영양의 부족으로 인한 풍치병인 것이다. 만약 이 임산부가 나이 드신 시어머니나 친정어머니가 있다면 먼저 임산부의 부족한 영양을 보충해 주기 위해 고단백질, 칼슘인 사골, 잉어, 가물치 등을 사다가 보신하여 주었을 것이다. 이것이 세속에서 살아 온 노인들이 가진 경험의 지혜이다. 지금 젊은 세대는 노인이 과거에 자연 속에서 정서적인 환경과 더불어 소박하게 살았던 그들의 삶의 지혜를 본받지 못하고 있다. 예를 들면 요즘 젊은 여성 주부들을 보면 학교에서 학업을 마치고 졸업하면 직장생활을 하다 잠시 음식요리법, 꽃꽂이 등을 배워 결혼한다. 그리고 아기가 태어나면 따로 살고 있는 늙은 시부모에게 아이를 맡기지 않는다. 그렇기에 병이 나면 무조건 병원 의사에게 가서 치료받고 아이에게 일어날 수 있는 병 같은 것에는 관심을 두지 않는다. 젖먹이 아기가 병이 나서 소아과 병원에 가서 진찰을 받아도 열이 내리지 않자 걱정 끝에 다시 의사에게 찾아가는 경우가 많다. 아이들을 많이 낳아 키운 할머니와 한 집에 같이 산다면, 아기의 안색을 살펴보고 시간이 지나면 열이 내릴 것이니 걱정 말고 기다려 보라든가 하였을 것이다. 그리고 특히 아이가 운다고 해서 너무 우유를 먹여도 소화불량으로 인하여 젖을 토하고, 설사를 하기도 하고 울며 보챈다. 이런 경우에 대부분의 젊은 주부들은 당황한 나머지 아기를 들쳐 안고 병원으로 찾아갈 것이다. 그러나 옛 할머니는 아기를 일으켜 한 쪽 무릎에 앉혀 놓고 왼쪽 팔로 잡아 바른 팔의 손바닥으로 아기의 등줄기를 위에서 아래로 수십 번 내리 훑어주면 잠시 후 아기는 '끅'하고 트림소리를 낸다. 이 요법은 배탈 난 아기뿐만 아니라 유아들이 우유를 먹고 난 후 한 20분 후 아기의 등줄기를 평소 습관적으로 밑으로 쓸어 주면 자주 우유를 토하는 아이에게 효과적인 방법도 되지만, 아기의 소화촉진을 위하여 최선의 가정요법 중 하나가 되기도 한다. 이렇듯 지금의 할머니들은 그의 할머니와 어머니로부터 이어받은 삶의 지혜를 간직하고 있다. 원래 동양의학은 현대의학과 같은 과학적이고 분석적인 의학이 아니라 경험의학이다. 우리 젊은 세대들은 조상들이 살아온 오랜 세월 속에서 그분들이 직접 경험에서 얻은 지식과 경험을 본받아 실생활에서 살려내야 한다.

유럽 서양인들을 가리켜 선진문명의국인(先進文明醫國人) 또는 개인주의적인 사람이라고 말한다. 어느 날 감기가 들어 기침을 하고 콧물이 날 때였다. 마침 가깝게 잘 알고 지내는 50대 초반의 서양부인이 찾아왔다. 감기로 기침하는 모습을 지켜보더니 그 부인은 친절히 다음과 같은 조언을 했다. 생 레몬을 물에 깨끗이 씻어서 얇게 잘라서 물을 붓고 끓인 즙에 꿀을 타서 기침이 나올 때마다 마시라고 했다. 독한 감기약은 오히려 몸에 해롭다고 말하면서 이 요법은 조상 때부터 전해 내려온 비법이라고 하면서 우리들은 보통 가정에서는 이용법을 감기치료에 자주 사용한다고 자랑한다. 그 이후부터 필자는 감기가 들면 감기 약 대신 감기를 낫게 하기 위해서 이 방법을 자주 이용하며, 주위 사람에게도 이 요법을 권한다. 또한 국내에서 부항요법이라고 하는 흡각료법(吸角療法)

또는 건각법(乾角法)도, 예부터 서양에서 사용해 오고 있다는 말을 현지 서양인에게서 들었다. 이것은 유리컵에 몇 방울의 알코올을 떨어뜨려 불을 붙여 어깨와 등 부위 통증에다 부쳐서 피부 위에 흡착시키는 요법이다. 이와 같은 흡각요법 등 이 경험요법으로 동양의학 속에만 있는 것이 아니라 서양의학 속에도 가정요법이 있다는 것을 설명하기 위해 위의 실례를 대략 언급하였다. 현대의학이건 동양의학이건 모든 병에 효력이 있는 것은 아니다.

이 가정요법은 동양전통의학에서 민간에게 전승시킨 민간요법인 것이다. 다만, 침구학에 의한 기본 경혈들을 중심 근거로 하여 자극을 가해 주는 자극요법인 것이다. 본서에서 그림으로 정확하게 시술점의 위치의 경혈들을 풀이한 내용을 잘 배워두면 이 요법이 손쉽고 누구나 자연스럽게 어디서나 간단히 실시할 수 있다. 또한 갑작스러운 자신의 아픈 통증을 이 요법에 의하여 통증을 완화시킬 수 있다면 병원으로 갈 수 있는 시간적 여유를 벌 수 있는 장점도 있다. 그러나 심한 열과 염증을 동반하는 급성병과 전염병에는 손을 대서는 안되며, 증세가 매우 심한 경우도 어설프게 손을 대서 병원 의사의 진단과 치료의시기를 놓치게 해서는 안 된다. 이 점을 유의하기 바란다.

8. 돌연한 몸의 통증, 불쾌한 증상이 생길 때 치료 혈점에 대한 자극요법과 용구

오랜 세월 동안 세계 여러 나라의 다양한 질환자들의 임상진료를 해 왔다. 이에 관한 많은 질환자들을 보면 대체적으로 거의 정신신경성 스트레스로 인한 질환자들이었다. 이 신경성 스트레스의 장애로 인하여 사람들은 날이 갈수록 고통을 참아가며 살고 있다. 어려운 경제적 생활 속에서 살아가는 현대인들은 신경성 스트레스의 요인들을 무수히 안고 있기 때문에 사람들은 누구나 신경 스트레스의 영향으로 인한 질병의 피해를 받게 된다. 사람은 감정에 의하여 기분이 달라지는 것처럼, 사람들은 신경성 자극의 진행정도의 차이에 따라 다르지만, 지나친 신경성 스트레스를 계속 받게 되면 사람이 정신적 및 심리적, 감정적, 육체적 스트레스의 장애원인이 결국에는 위궤양이나 갑상선 같은 위험한 질병을 낳게 마련이다. 그러나 한편, 병의 증상이 진행되어 병원에 입원치료를 받을 만한 질병상태가 아닌 사람들은 반건강상태인(半病人)으로 볼 수 있다. 그런데 이러한 문제의 반건강상태 증상들에 의하여 현대인 대부분이 이로 인한 질병으로 고통을 받고 있다는 것이 현실이다. 예를 들자면 다음과 같은 증상이 나타난다. 두통 및 복통, 식욕부진, 설사, 변비, 불면, 다뇨 등 이밖에 수족이 저리고 아프고 목과 허리 및 어깨의 여러 통증이 생긴다. 또한 현기증, 눈 어지러움, 피로감, 정신권태, 무력증, 호흡곤란, 수족마비, 구토증, 식은땀 등 여러 불쾌한 증상들이 나타난다. 그렇다면 이러한 신경성 스트레스로서 우리 몸에 직접 자극을 주는 원인들이 무엇인가 하면 우리 자신이다. 자신의 대인관계에 있어 상대에 대한 정신적인 갈등과 분노, 불안, 충격, 공포, 미움, 원망, 탄식, 적대감, 증오 등은 마치 거미줄이 얽혀 있듯 자신의 주어진 정신적 환경에서 헤어나지 못하다보면 신경성 스트레스의 영향을 얼마나 받느냐의 차이에 따라 질환이 유발되기 마련이다. 그리고 사람마다 신경성 스트레스의 충격이 정신적, 심인성적(心因性的), 감정적, 육체적인 것 등으로 인하여 각기 병질화하는 것이 다르다. 그래서 반건강상태의 사람들은 병원 전문의를 찾아가 자신의 아픈 증상을 호소한다. 그러나 병원에서는 간단한 주사와 약만 주며 대수롭지 않은 질병으로 돌려보낸다. 때문에 사람들은 여전히 고통받고 있는 자신의 질병에 대해 어떻게 해야 할지 모르며 갈팡질팡하고 있는 것이 사실이다. 그리고 이러한 자신의 병증상이 무엇 때문에 유발한 것인지 자각하지 못하고 아픈 몸을 참고 견디며 살아가고 있다. 그렇기 때문에 앞에서 언급한 질환의 치료에 있어 오늘날 병원 의사들의 손이 미치지 못하는 이러한 질환들에 관해 여러분의 가료(加療)를 위한 이 책은 지침서로서 큰 도움이 될 것이라고 기대한다.

실례를 들면, 한 부부간에 심한 갈등과 불화로 인하여 서로 매일 격한 부부싸움을 계속하다 보니 위장병이 발병하여 병원을 찾아갔다. 병원 전문의는 위궤양이라며 위장의 절제수술을 받아야 한다는 진단을 내렸다. 환자는 위 절제수술을 하지 않고 약물치료로써 고칠 방법이 없냐고 물었다. 의사는 위궤양이 더 진행되면 암으로 진행가능성이 있으니 하루속히 절제수술을 받으라고 하였다. 위에서 언급한 바와 같이 이것은 위장병의 자체에 병인에 의한 것이 아니고, 정신신경성에서 기인(起因)한 신경성위장병으로 위장병의 치료에만 집중적으로 치료를 해도 소용이 없게 된다. 그러므로 단적으로 말해 '원래 신경성 스트레스에 의한 신경성 병이기 때문에 이 병을 고치고 싶으면 우선 부부싸움을 중단하고 서로 화합하여 마음의 평화와 정신의 안정을 다시 찾게 된다면 당신의 병은 나을 수 있을 겁니다' 하고 말하여 줄 수 있는 병원의 의사들이 오늘날 얼마나 있을까.

끝으로 이에 관한 중점적인 설명을 부언하여 본다면, 지금 현대인들은 자신들의 삶을 영위하기 위해서 각박하고 어려운 경쟁사회 속에서 살아가려면 사회, 가정, 대인관계, 주거환경 등에 관하여 어쩔 수 없이 받게 되는 정신적 고통과 어려운 환경에서 이를 어떻게 극복하며 견디어 나가느냐에 달려 있다. 말하자면 정신적 장애 스트레스가 계속 쌓이게 된다면 한방의학에서 말하는 병인파악(三因說)에 있어 내인(內因)에 의한 병이냐, 외인(外因)

에 의한 병이냐를 가린다면 이것은 확실히 내적인 원인에 의한 병일 것이다. 즉 정신적 요인에 의해서 질병이 유발되는 것을 말한다. 한방고전의학에 의하면 사람이 정신적 자극 스트레스를 과도하게 받으면 칠정기(七精氣), 즉 노(努), 희(喜), 우(憂), 사(思), 비(悲), 공(恐), 경(警) 등 7종류의 감정적 요소가 생기게 된다고 한다. 이렇듯 동양의학은 이러한 정신적·신경성적 요인에 의하여 생긴 질병을 음양오행론에 입각하여 병증상을 가려서 풀이하였다.

실제로 우리 현대인들은 가정과 조직사회 속에서 복잡하고 바쁜 생활을 하다 보면 대인관계를 비롯한 여러 원인으로 인해 정신적 스트레스를 받게 마련이다. 그런데 이러한 정신적 자극이 장부(내장기관)의 활동에 나쁜 영향을 준다는 것은 말할 나위도 없지만, 만일 여기에 대항하여 자신의 정신력이 강하지 못해 끝내 좌절해 버리면 위험한 고질적인 병이 유발되는 것이다. 반면에 가벼운 증상에 있어서는 흔히 두통, 소화불량 등이 있다. 이것은 전술한 바와 같이 인체의 상태가 어떠한 원인으로 말미암아 몸의 균형이 깨져 부조화하여 자연히 원상으로 회복되지 않는 상태로 만성질환이 된다. 따라서 질병으로 진행하는 과정에서 나타나는 증상을 경증이라 한다. 이러한 경증상군(輕症狀群)을 가리켜 반건강상태인이라고 말한다. 단편적으로 말하자면 이 책(『100특효혈 자극요법』)의 특징은 본질적인 병태(病態)를 불쾌한 증상 등이

예민하게 나타나는 곳을 100특효혈을 응용하여 자극요법
으로서 통증을 해소시키고, 몸의 불균형을 바로잡아 주
는 것이 이 책의 맨 처음 기획의도였다. 덧붙인다면, 한
의학에서 인체에는 경락경혈(經絡經穴)이라는 기(氣), 혈
(血)의 통로가 있으며, 질병이 생겼을 때 그 부위에 나타
나는 혈점을 자극하면 그의 상응하는 연관된 내장이나
기관의 움직임을 활성화시켜 질병을 치료, 예방할 수 있
다는 것이 바로 동양의학의 진단치료학의 기본적인 개념
이다.

9. 자극요법에 사용되는 용구와 구요법의 예

본문에 앞서 유의할 점은 정확한 취혈(取穴)과 자극요법(刺戟療法)에 있다. 취혈요법은 정상 경혈을 중심으로 시혈점(施穴點)에다 정확히 자극을 가해 주어야 한다. 자극요법은 시혈점에 자극을 가하는 데 있어 강약의 자극 감도를 정확하게 분별하여 자극을 가해야 한다.

이 소용구는 차내에서나 가정 등에서 장소에 구애받지 않고 응급수단으로 활용될 수 있는 것들이다.

1) 자극요법에 사용되는 용구의 그림

손끝으로 누른다

손톱 끝으로 누른다.

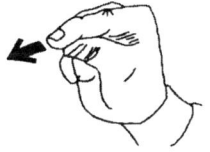

이쑤시개를 5~10개를 고무줄로 묶어서 놓는다.

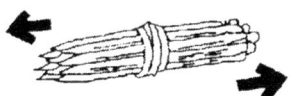

머리핀으로 누른다.

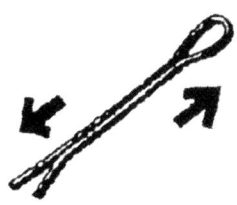

주로 머리 두통에 열쇠, 동전으로
누른다.

주로 머리 두통에 바늘, 열쇠 끝으로
누른다.

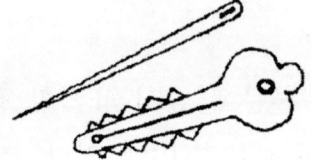

2) 가정에서 쑥뜸(애구 ; 艾灸) 사용

소 · 중 · 대주(小·中·大柱)

격염구(隔塩灸)

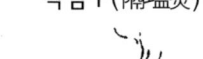

격강구(隔姜灸)

온화구(溫和灸)

작탁구(雀啄灸)

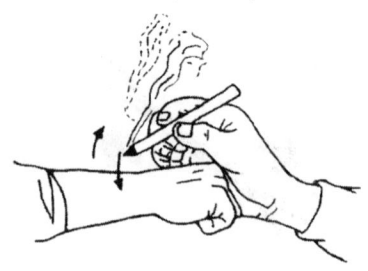

헤어드라이기의 열풍을 혈점에 열감시킨다.

병증별 · 병명별 가정치료요법

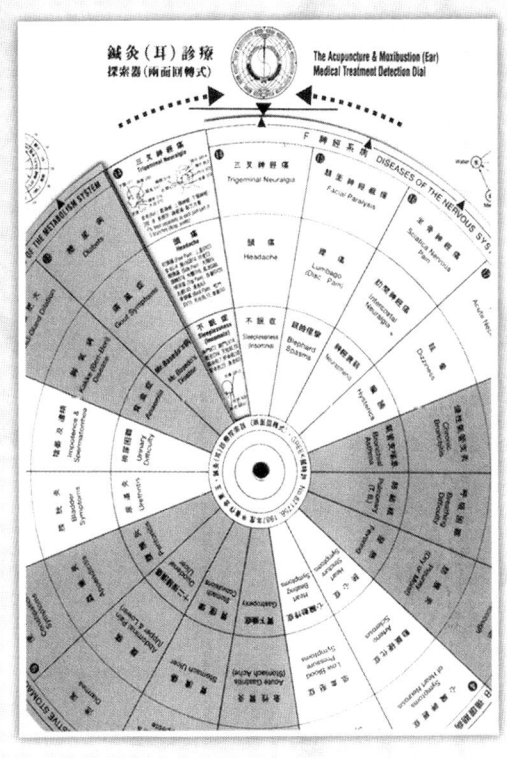

콧물·재채기·코막힘

상성(上星)·인중(人中)·풍지(風池)·천주(天柱)

취혈(取穴)

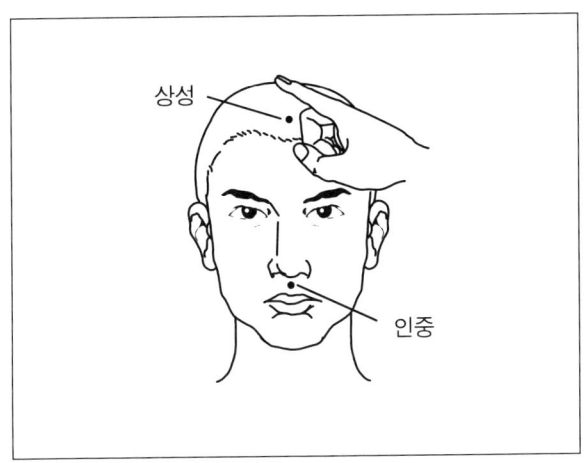

상성혈(上星穴)은 전두부(前頭部)의 정중이며 이마 정
중선에서 머리털 속으로 약 3cm 올라간 곳이다. 풍지혈
(風池穴)과 천주혈(天柱穴)은 후두부 중앙선에서 승모근
(僧帽筋)의 바깥쪽 3~4cm에서 유양돌기(乳樣突起) 사이
의 함정에 있다.

● 주혈(主穴)의 자극법

이쑤시개 5~10개를 고무줄로 묶은 것을 상성혈에 코속이 트이는 느낌이 가도록 3초간 누른 후 10회 정도 반복적으로 행한다. 또는 동전이나 열쇠 끝으로 자극을 주어도 좋다.

● 주치(主治)

상성혈은 축농증, 비염, 전두통, 현운(어지러움) 등의 주치혈이다.

● 비고

이 혈은 코가 막히는가 싶을 때 이내 자극을 가하면 단번에 코 속이 시원하게 트일 뿐만 아니라 감기에도 효과가 있다.

콧물과 재채기

콧물과 재채기가 나서 괴로울 때 코의 주위를 지압한다.

A) 먼저 양손의 검지(人指)로 양 눈의 안쪽 가장자리(눈물샘)에서 코의 양옆을 향해 지압을 하고 두번째는 양쪽 코볼 위의 코뼈 시작점을 양손 검지로 머리 쪽을 향해 위를 치켜 올리는 것처럼 지압한다.

B) 그리고 코 밑의 중앙인 입술 위의 가운데 인중(人中)이라는 혈점을 지압한다.

코막힘과 비염(비폐 ; 鼻閉)

코막힘과 비염은 혈점을 자극해 주고, 목덜미에서 어깨에 이르는 부위를 주물러 준다. 머리·눈·코·귀 등에 괴로운 증세를 느끼면 뒷목덜미나 어깨에 피가 몰려 응고되기 때문에 뒷목덜미에 천주(天柱)와 풍지(風池)라는 혈을 잘 풀어 주어 혈행을 좋게 해야 한다. 이 혈의 부분은 눈·귀·코·두부(頭部)가 신경과 관련되어 있기 때문에 코가 막힐 때 위 혈점에다 자극을 주면 콧물이 콧속 깊이 흘러 들어가는 느낌을 갖게 된다.

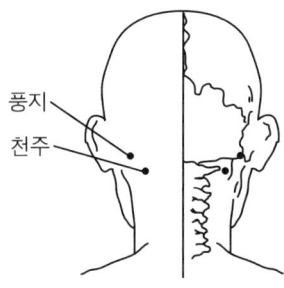

풍지

천주

눈의 피로(안정피로^{眼睛疲勞})

양백(陽白)·청명(睛明)

● 취혈(取穴)

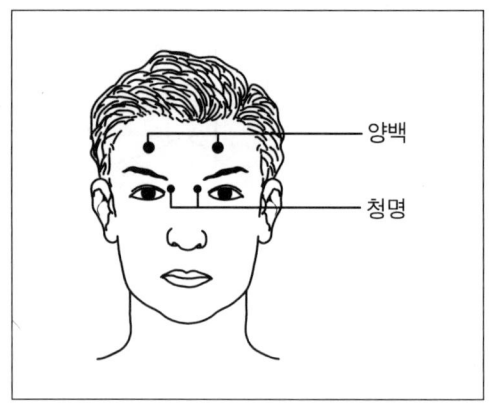

양백혈(陽白穴)은 전두부(前頭部)의 머리칼과 눈썹 사이 중앙점, 동공(瞳孔)의 직상방향에서 2cm 떨어진 부위에 있다.

청명혈(睛明穴)은 내안각(內眼角 ; 눈 안쪽 꼬리)에서 2mm 밖에 있다.

● 주혈(主穴)의 자극법

양백혈(陽白穴)은 검지와 중지, 약지의 세 손가락을 약간 구부려서 손끝으로 10회 정도 기분이 좋을 정도로 톡톡 친다. 그런 후 중지 끝으로 좌우 양백혈에 지압을 가한다.

청명혈(晴明穴)은 눈의 피로를 가시게 하며 눈의 활동을 도와주는 주혈(主穴)로 옛날부터 알려진 중요한 특효혈이다. 양손의 중지 끝으로 이 혈점에다 지압을 하면서 눈 꼬리 사이에 뼈 언저리를 위로 치켜올리는 지압을 가한다. 그리고 양쪽 눈가의 뼈를 밑으로 잡아당기는 감으로 지압을 한다.

● 주치(主治)

① 눈의 피로, 눈의 충혈, 안의 질환 등의 주치혈
② 눈의 각막염, 눈의 결막염, 비루관폐한(鼻淚管閉寒)

눈 꼬리 사이에 뼈 언저리를 양 중지로 위로 치켜 올리며 지압을
할 때, 몹시 아픈 통증을 느낄 경우에는 눈의 혈행이 눈이 피로할
만큼 응혈되어 있다는 근거이다. 때문에 정도에 따라 가벼운 통증
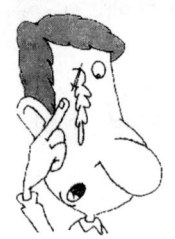
을 느끼기도 하므로 무리함 없이 자극의 감도
를 잘 맞추어 실행하도록 한다. 그리고 수지
요법(手指療法)이 끝난 후 그 혈점의 언저리
를 다시 눌러보아 앞서 아픈 통증과 비교하여
거의 통증이 가벼워졌다면 나쁜 혈행이 풀어
져서 피로한 눈이 해소됐다는 징조이다.

불면증 不眠症

풍지(風池)·완골(完骨)·안면(安眠)

● 취혈(取穴)

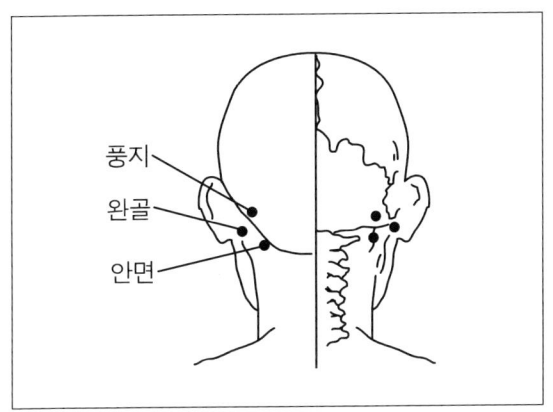

풍지혈(風池穴)·완골혈(完骨穴)·안면혈(安眠穴)은 불면증 치료에 가장 잘 듣는 특효혈이다. 이 혈들은 후두부(뒷머리) 부분에 유양돌기(乳樣突起)의 불쑥 튀어나온 근육 주변에 좌우의 혈들이다.

● 주혈(主穴)의 자극법

목을 완전히 힘을 빼고 목뒤에 있는 세
혈들을 양손 무지(拇指 ; 엄지)로 차례로
누른다. 혹은 어깨와 등의 통증에 사용하
는 P.V.C로 된 타기봉(打器棒)으로 적당
히 강도를 맞추어 치는 것도 대단히 좋은
방법이다.

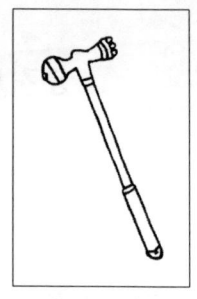

안마용
타목봉

● 주치(主治)

위 3혈은 침구요법상 불면증을 치술하는 데 절대적인
특효혈이다.

● 비고

불면증은 크게 두 가지 원인으로 생각할 수 있다. 첫째는 몸의 위
장병이나 고혈압 등의 원인으로 불면증이 생기는 경우가 있고, 둘
째는 정신신경성적 원인으로 불면증이 생기는 경우이다. 근심걱
정이 있을 때, 심한 충격을 받았을 때, 스트레스를 심하게 받았을
때, 흥분할 때 등으로 볼 수 있다. 불면증인 사람들은 어깨와 등의
혈행이 뭉쳐 있는 경우가 많다. 어깨와 등골 아래, 허리와 겨드랑
이 밑 옆 늑골의 연결된 근육부분 등을 눌렀을 때 압통을 느끼는
곳을 마사지나 지압으로 잘 풀어준다 그리고 손바닥과 발바닥에
자극을 줘서 몸의 말단부에 혈액 순환이 잘 되도록 한다. 마사지
와 지압을 자신이 직접 하게 되면 잠을 잘 수 없는 경우가 있기
때문에 이것은 타인이 해주는 것이 제일 좋은 방법이다.

눈이 침침하고 흐릴 때

어요(魚腰)

🌑 취혈(取穴)

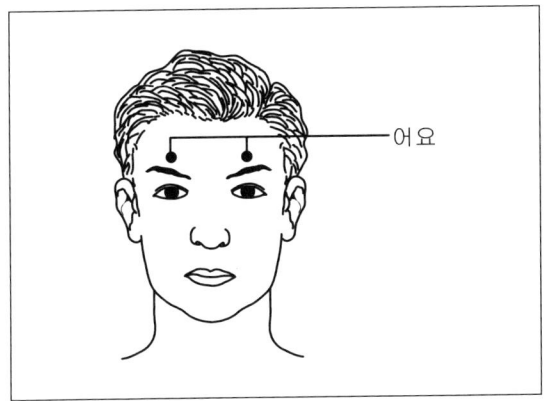

어요

어요혈(魚腰穴)은 양쪽의 각 눈썹 중앙의 혈이다.

● 주혈(主穴)의 자극법

어요혈의 자극은 검지와 중지, 약지의 세 손가락을 약간 구부려서 세 손가락 끝으로 어요혈에다 힘을 주지 말고 가볍게 톡톡 친다. 눈 속에 반응이 기분 좋은 감을 느낄 정도로 행한다. 그리고 혈점의 양 눈썹 언저리의 뼈에 중지로 가볍게 지압한다. 눈이 밝아지는 것을 느낄 것이다. 다소 증세가 심한 사람이면 주야로 3회 매일 자극을 계속하여 주면 눈의 침침하고 흐린 증세가 해소될 것이다.

● 주치(主治)

안(眼)의 종통(腫通), 안생예막(眼生翳膜), 안검하수(眼瞼下垂) 등의 주치혈이다.

근시 近視

태양(太陽)

🌑 취혈(取穴)

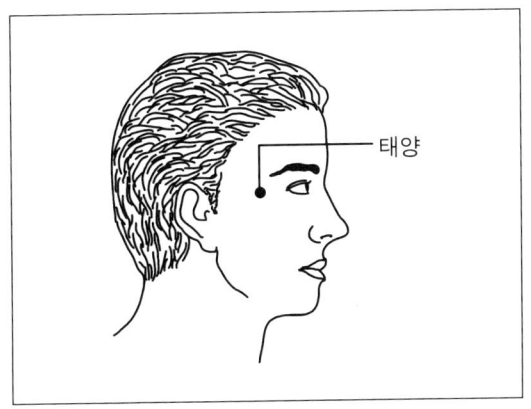

태양

태양혈(太陽穴)은 눈썹의 외단 끝(미모;眉毛)과 눈 꼬리(외안각;外眼角)의 외단 끝과 마주치는 중간이 태양혈이다.

주혈(主穴)의 자극법

양쪽 혈점에 중지로 눈 속에 반응이 기분이 괜찮을 정
도의 감으로 약간 힘을 주어 3초간 자극을 준다. 과도하
게 누르면 역효과가 난다. 매일 3회 계속 양쪽 태양혈에
자극을 주면 쾌유할 것이다.

주치(主治)

태양혈(太陽穴)은 안통(眼通)일체, 편두통, 안면신경마
비 등의 주치혈이다.

삼차신경통 三叉神經痛

각손(角孫)

● 취혈(取穴)

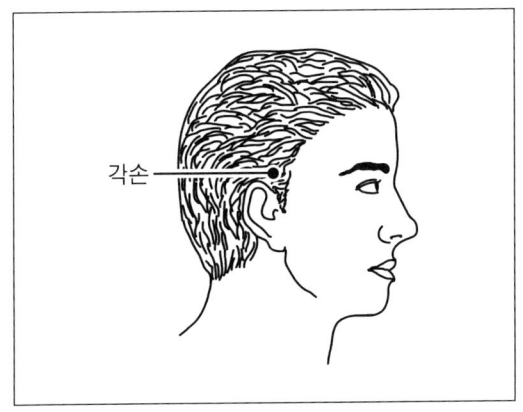

각손

각손혈(角孫穴)은 이개(耳介)를 전방에 꺾어서 귀의 상
단 끝이 닿는 곳이 혈점이다. 이 혈은 삼차신경통을 다스
리는 여러 경혈 가운데 가장 특효혈이다.

⚫ 주혈(主穴)의 자극법

안면에 아픈 통증이 있을 때 이 혈에다 머리핀이나 고무줄로 5개 정도 묶은 이쑤시개로 강하게 자극을 가한다. 가벼운 통증을 느끼도록 3초간 누르며 10회 정도 반복하며 자극을 준다. 아픈 쪽의 혈에다 자극을 가한다. 하루 3회 계속 자극을 주면 예방효과에도 좋다.

⚫ 주치(主治)

삼차신경통, '카다루'성 결막염에 주치 혈이다.

귀울림·난청難聽

이문(耳門)

🔵 취혈(取穴)

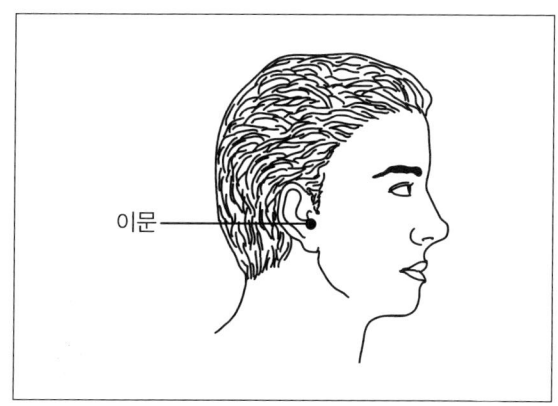

이문

　이문혈(耳門穴)은 이주(耳珠)의 '귀젖' 직전에 있다. 지선(指先 ; 손끝)으로 누르면 귀와 머릿속에 압통을 느낀다. 귀울림과 난청에는 주요한 특효혈이다.

⬤ 주혈(主穴)의 자극법

머리핀의 둥근(U자형) 부분이나 혹은 4~5개 고무줄로 묶은 둥근 부분을 머리 속에 압통이 가도록 3초간 10회 정도 자극을 준다. 엷은 살결이니 뾰족한 것을 사용하지 말고, 좌우양혈에다 매일 3회 계속 자극을 주어야 한다.

⬤ 주치(主治)

급성중이염, 이명, 난청, 삼차신경통, 안면신경마비

두통^{頭痛} · 두중^{頭重}

함곡(陷谷) · 임읍(臨泣)

● 취혈(取穴)

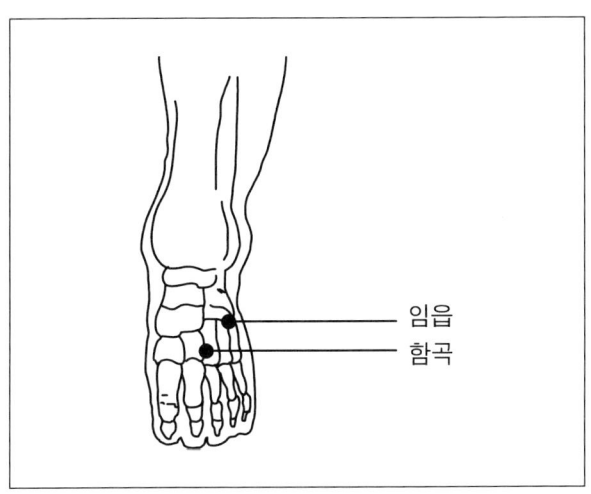

임읍
함곡

　함곡혈(陷谷穴)은 족배부(足背部 ; 발등)의 제2지와 3지의 골간을 훑어 올라가 손끝이 서는 곳이 혈점이다.

　임읍혈(臨泣穴)은 족배부의 제4지와 5지의 골간을 훑어 올라가 손끝이 서는 곳이 혈점이다.

⬤ 주혈(主穴)의 자극법

발의 임읍혈(臨泣穴), 함곡혈(陷谷穴)은 예부터 두중과 두통에 잘 듣는 특효혈이다. 이 혈들은 손끝으로 누르면 대단한 압통을 느낀다. 적당히 눌러주고 잘 비벼주면 두통이나 두중이 완화된다.

⬤ 비고

두통을 두고 나누어 볼 때 하나는 두부와 경부의 근육이 긴장하기 때문에 일어나는 근긴장성두통(筋緊張性頭痛)으로 흔히 볼 수 있다. 또 하나는 머리의 혈관이 확장하면서 일어나는 편두통이 있다. 여러 두통 증상에는 뇌(腦)의 이상이 있는 문제도 있을 수 있으니 의사에게 진단을 받아 보는 것이 좋다.

풍지(風池)·천주(天柱)

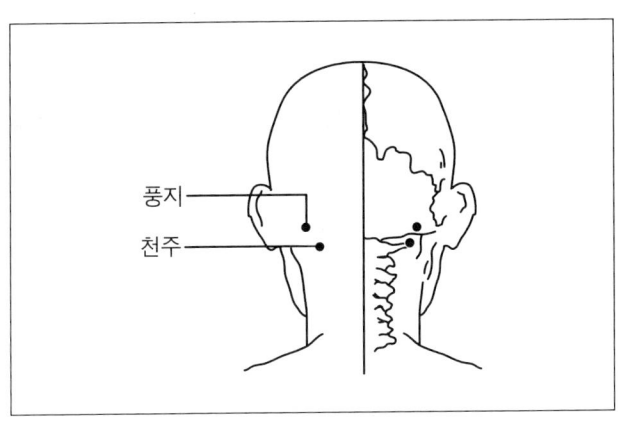

● 주혈(主穴)의 자극법

풍지혈(風池穴)과 천주혈(天柱穴)은 특히 두부와 신경에 직결되어 있어 위의 두 혈과 병행하며 취혈하는 것이 효과적이다. 목의 힘을 완전히 빼고 목 뒤에 두 혈을 양 엄

시손가락으로 3초간 눌렀다 뗐다 하면서 자극을 10회 정도 준다. 혹은 동전이나 이쑤시개(5개 묶음) 또는 안마용 타기봉 등도 가능하다. 위의 풍지·천주혈은 침구요법상 신경성 질환을 다스리는 데 중요한 경혈이다.

복통·위통·설사·변비

중완(中脘)·신궐(神闕)·족삼리(足三里)

⬤ 취혈(取穴)

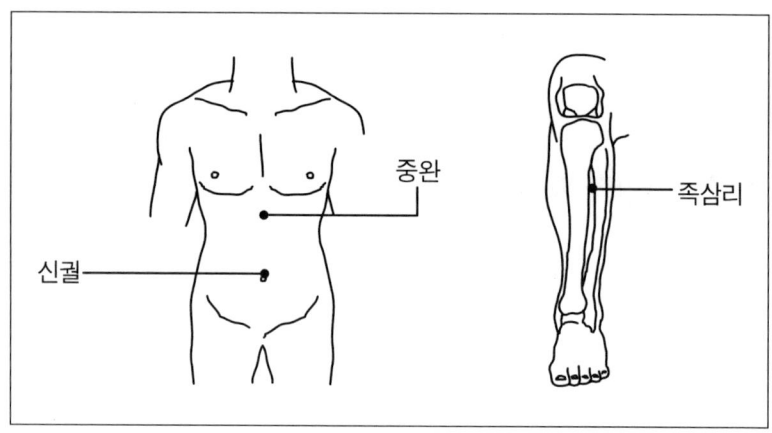

　　중완혈(中脘穴)은 상위부의 중앙이며 제상방(臍上方)의 중점에 있다. 상위부에서 가장 중요한 경혈이며 소화기의 전반의 치료에 사용하는 주치혈이다.

　　신궐혈(神闕穴)은 배꼽의 정중에 있다. 이 혈은 복통 및 변비, 설사, 인사불성 등 모든 만성소화기 질환의 치료혈이다.

　　족삼리혈(足三里穴)은 손으로 경골선상(다리의 경골선

상)의 상방을 더듬어 무릎의 하방에 튀어나온 뼈 끝에서 손끝이 정지하는 배골소두를 이은 점에 있다. 예부터 족 삼리혈은 장수혈로 유명하며 보건목적으로 민간대중에게 사용되어 왔다. 그리고 복부의 모든 질환에 사용하며, 모든 경혈 중에서 가장 응용범위가 넓고 가장 많이 사용하는 주치혈이다.

● 주혈(主穴)의 자극법

위통으로 인한 자극요법에는 중완 (中脘)과 족삼리혈(足三里穴)에 온구 법에 의한 '쑥뜸'이나 드라이기 또는 온구기 등으로 열감자극요법이 효과 적이다. 그리고 복통에 의한 설사와 변비에는 신궐혈과 족삼리혈에 온구

법이나 또는 드라이기로 위 혈에 열풍을 가해 뜨거운 열 감을 느끼면 떼고 갖다대는 것을 15회 정도 반복한다. 이 열자극으로 대부분 복통이 낫는다. 복통이 생길 때만 시구를 행할 것. 그리고 신궐혈은 바로 배꼽이 대단히 중요한 곳이니 오랫동안 과열하거나 심한 자극은 금물이다. 그리고 신궐혈에는 염구(塩灸) 즉 이 혈에다 소금을 놓고 그 위에 뜸을 뜨는 방법이 매우 좋다.

치매(노망老妄) 예방

건뇌(健腦)

● 취혈(取穴)

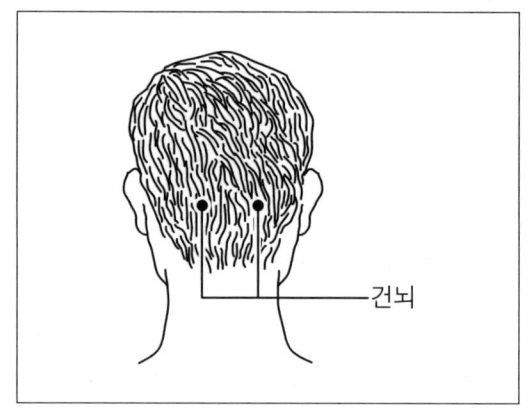

건뇌

　건뇌혈(健腦穴)은 뒷머리 부분에 뼈가 튀어나온 것으로 유양돌기라는 곳을 지선으로 만져서 약간 들어간 곳이다.

⬤ 주혈(主穴)의 자극법

이 건뇌혈(健腦穴)은 글자가 의미
하듯 글자처럼 뇌를 건강하게 하는
혈로서 멍청한 정신을 예방하고 뇌
를 건강하게 한다는 신혈이다. 이쑤
시개 5개 묶음의 뭉툭한 쪽으로 혹
은 동전의 끝으로 머리 속이 찡하고
자극반응이 가도록 3초간 매일 3회
계속 1회 10번 자극을 준다.

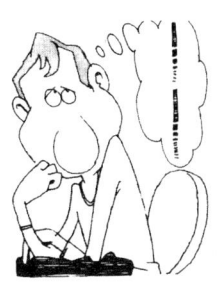

눈의 다래끼

소이주(小耳柱)

● 취혈(取穴)

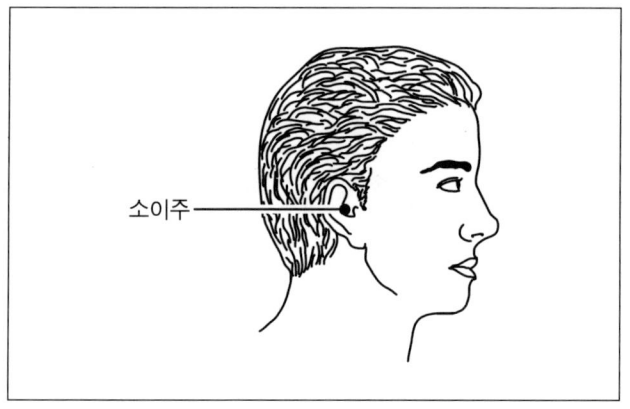

소이주

　소이주혈(小耳柱穴)은 귓구멍 옆 귀젖의 정점에 있다.
이 혈점을 건드리면 압통을 느낀다.
　특히 눈병(다래끼)에 잘 듣는 특효혈이다.

● 주혈(主穴)의 자극법

양손의 인지(검지)나 머리핀의 굵은 쪽으로 압통을 느끼도록 자극을 가한다. 그리고 3초간 10회 정도 반복하고 하루 3회 정도 반복하여 자극을 준다. 이쑤시개는 상처를 입을 수 있으니 사용하지 말 것. 이 혈점에 지열구법으로 구창이 생기지 않도록 시구하면 다음날 눈병이 낫는 특효혈이다.

흉통(가슴쓰림·심장동계^{心臟動悸})

전중(膻中)

● 취혈(取穴)

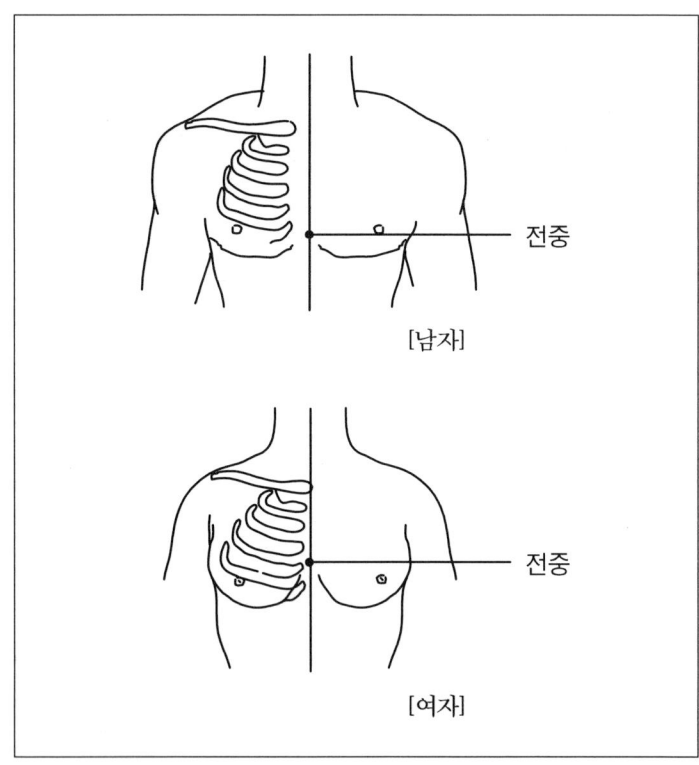

전중

[남자]

전중

[여자]

전중혈(膻中穴)은 누워서 좌우의 유두를 이은 정중선(正中線)의 혈점이다.

※ 여성의 유수(乳首)의 위치가 다양하므로 전중혈의 위치를 잡는 것은 남성의 젖꼭지를 기준하여 취혈해야 한다.

● 주혈(主穴)의 자극법

심장협심증의 환자나 흉소(胸燒), 가슴쓰림, 갑자기 가슴이 마구 뛸 경우에 가슴 양 젖꼭지 사이 가운데 혈점이며 가슴뼈 사이의 약간 움푹한 곳을 가급적으로 중지 손끝으로 자극을 주면 가슴속에 아픈 압통을 느낀다. 눌러서 아픈 만큼 강하게 3초간 눌렀다 떼면서 자극을 준다. 그리고 이쑤시개의 뭉툭한 쪽으로 8회 정도 자극을 준다(급하면 동전 또는 열쇠 끝으로 사용하여도 무방하다).

● 비고

침구요법상 흉부에서 가장 중요한 주치혈이며, 여러 심장질환, 노이로제 등에 특효혈이다. 특히 심장질환을 앓고 있는 사람은 발작이 일어날 때 이 전중혈에 때와 장소를 가리지 않고 혼자 행할 수 있는 중요한 응급혈이다. 또한 가슴에 이상 예감이 들 때 매일 3회 계속 자극을 주면 병을 예방할 수 있다.

복부팽만감

승만(承滿)

● 취혈(取穴)

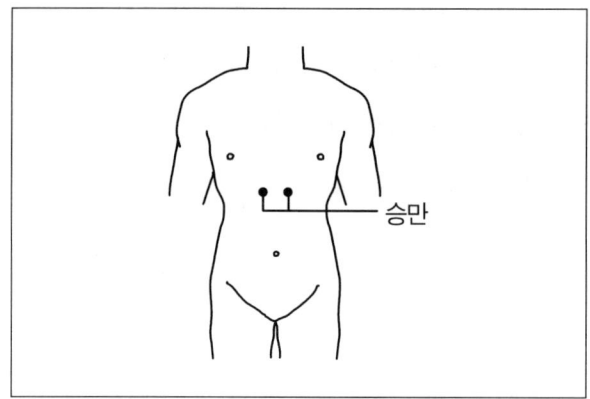

승만(承滿)

승만혈(承滿穴)은 위상부의 명치 중앙점에서 외방일촌 (3cm)에 늑골이 닿는 혈점이다.

🔵 주혈(主穴)의 자극법

식사를 하지 않아도 헛배가 부르며 뱃속이 답답하게 팽만감을 느낄 때 먼저 이쑤시개를 묶은 굵은 끝으로 양혈에 조금 아프다는 감으로 3초간 눌렀다 떼는 자극을 준다. 다음은 전기 드라이기로 이 혈에다 열풍자극을 준다. 뜨거우면 떼고, 10회 정도 자극을 주면 헛배를 격감시키는 데 효과적이다.

불임증不姙症

관원(關元)

⬤ 취혈(取穴)

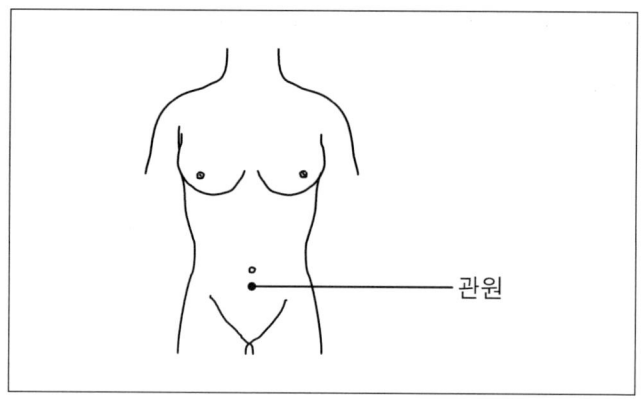

관원

하복부와 恥骨部(불두덩) 간의 정중선에서 중앙점이 관원혈(關元穴)이다. 관원혈은 하복부의 모든 혈 중 가장 주요한 경혈이며 기혈혈(氣血穴)과 더불어 각종 질환에 널리 사용한다. 지선(指先)으로 이 혈점을 누르면 하복부에 뻐근한 압통을 느낀다.

● 주혈(主穴)의 자극법

이쑤시개 10개 묶음의 뭉툭한 쪽으로
강도가 느껴지도록 3초간 자극을 10~15
회 반복하여 자극을 준다. 그리고 취침 전
온구기나 또는 시구(施灸)를 사용하여 온
열시키는 것이 효과적인 방법이다. 이밖에
드라이기로 열풍의 자극요법도 무방하다.

곡골(曲骨)·회음(會陰)

🔘 취혈(取穴)

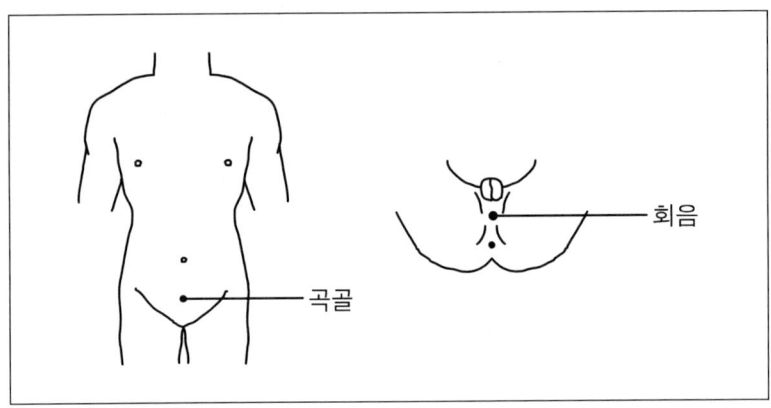

회음

곡골

곡골혈(曲骨穴)은 하복부에 취골부(恥骨部)의 정중이며 취골 결합의 바로 상연(上緣)에 혈점이다.

남자는 고환의 후선과 항문(肛門)의 사이 정중선에서 중앙점이 회음혈이다. 그리고 여자는 후음진교연(後陰脣交連)과 항문의 사이 중앙점에 있다.

🔵 주혈(主穴)의 자극법

곡골혈(曲骨穴)은 잔뇨감을 해소시 키는 데 효과적인 혈이다. 이쑤시개 10개를 묶은 뭉툭한 끝으로 압통이 가 도록 매일 3회 3초간 10번 반복하며 자극을 준다. 잔뇨감이 줄어들도록 계 속한다. 그리고 다음 혈을 행한다.

회음혈(會陰穴)은 드러누워서 양다리를 일으켜 세운 다음 중지선(가운데 손가락)을 혈점에 갖다대고 눌러 비 빈다. 이 지압에 의하여 생식기의 상두 끝이 찌릿한 신경 감을 느낄 것이다. 이 혈의 지압 자극요법은 전립선의 질 환증에도 대단히 효과가 있다. 이밖에 이 혈의 지압은 전 립선의 질환에 대한 예방에도 효과적이다.

과민성 장증후군

천추(天樞)

취혈(取穴)

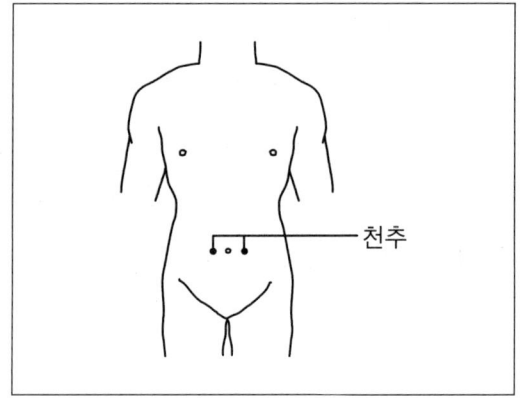

천추혈(天樞穴)은 배꼽의 위치에서 3cm 떨어진 위치에 있다. 이 경혈은 주로 복부의 장부(소장, 대장염)를 다스리는 여러 모든 혈 중에서 가장 중요한 주치혈이다.

주혈(主穴)의 자극법

온열자극에 있어 구창(灸瘡 ; 뜸자국)
이 생기지 않는 온구기나 또는 염구
(鹽灸)의 열감자극을 6~7회 행한다.
시구를 할 수 없으면 헤어 드라이기로
대신 열풍 자극을 10~15회 뜨거운 열
감을 느끼면 떼고 좌우 양 천추혈에
행한다. 하루 3회 아침, 점심, 저녁 계속 행한다. 그리고
온열자극요법 이외는 다른 용법은 사용하지 않는다.

비고

장(腸)은 위(胃)보다 중요한 장기라고 할 수 있다. 이 장의 염증으
로 인하여 기능이 저하되면 급성, 만성의 장염을 앓게 마련이다.
급성장염이라고 보통 말하는 것 중에서 갑자기 과식을 했다든지,
먹은 음식에 의하여 세균 감염으로 식중독이 되면 설사와 발열 등
염증이 생기며, 또한 몸이 몹시 차게 굳었던지, 배를 냉하게 했다
든지 일종의 기능 장애를 일으켜 장염과 같은 증상이 나난다.
이렇듯 복통, 복명(腹鳴), 배의 팽만감 등의 불쾌한 증상 능이 나
나난다. 이러한 여러 장의 증상을 효과적으로 다스려 주는 데 중
요한 천추혈은 병증을 해소시키는 데 효과적이다.

급성위경련·위통

거궐(巨闕)

● 취혈(取穴)

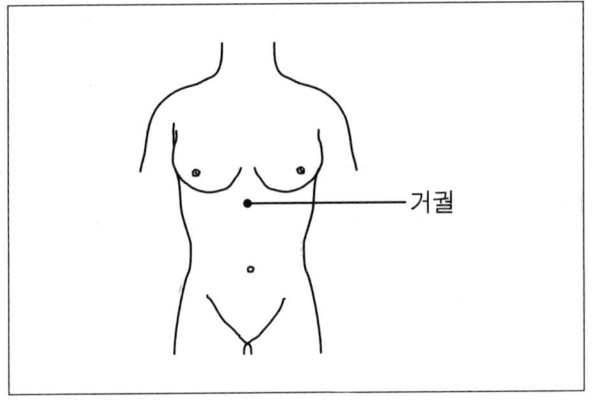

거궐

거궐혈(巨闕穴)은 상위부에 흉골체 (胸骨體)의 상방 중앙점에 있는 혈이 다. 위·십이지장이나 위궤양 기타 여 러 질환 등으로 인한 영향으로 위벽 에 갑자기 위경련이 일어날 경우가 있다. 상복부 명치에 심한 격통(激痛)

이 발작한다. 위경련통 뿐만 아니라 급성위통을 응급혈로서 급성위염을 다스리는 데 중요한 주치혈이다.

● 주혈(主穴)의 자극법

이쑤시개 10개의 묶음으로 피가 나지 않도록 거궐혈에 강하게 15회 정도 자극을 가한다. 혹은 구창(灸瘡)이 남지 않는 온열구(溫熱灸)를 사용하거나 드라이기의 열풍 자극도 효과적이다.

딸꾹질 吃逆

천돌(天突)

🔵 취혈(取穴)

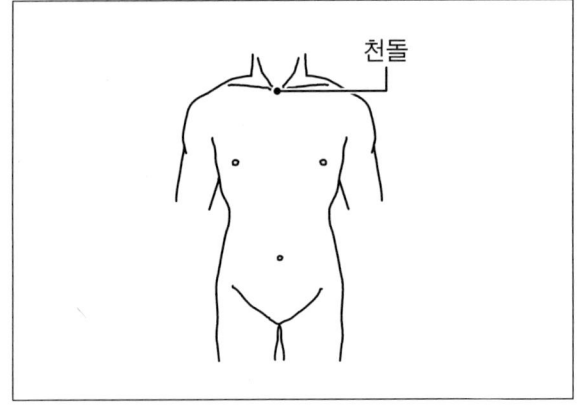

천돌

경부전면(頸部前面)의 하방 정중선 가
운데 중심이 천돌혈(天突穴)이다. 이 혈은
해소, 인후염, 기관지염 등의 침술요법상
다스리는 주치혈이다. 그런데 특히 이 천
돌혈은 딸꾹질이 날 때 딸꾹질을 멈추게
하는 데 특효혈이다.

● 주혈(主穴)의 자극법

　쇠골의 정중선 하방 위치에 손끝으로 누르면 움푹 들어가는 곳이다. 인지의 손끝을 밑으로 향해 3초간 눌렀다 떼서 딸꾹질이 멈추도록 계속 행한다. 또는 머리핀의 둥근 부분으로 위 방법으로 자극을 준다. 절대 강하게 누르지 않는다.

견비통^{肩臂痛} ; 어깨통증

견정(肩井)·고황(膏肓)·격유(膈兪)

● 취혈(取穴)

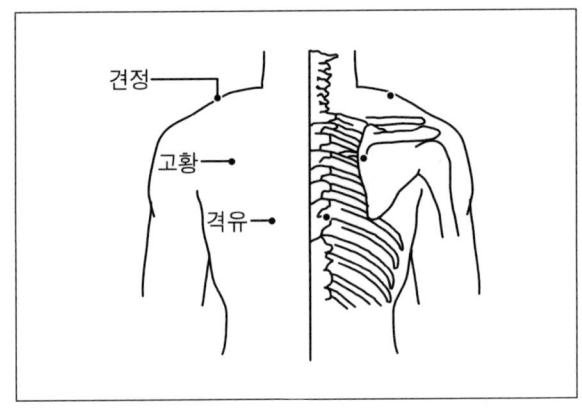

견정

고황 →

격유 →

흔히 40~50세 이상 되는 사람에게 흔히 일어나므로 견통(肩痛)을 보통 50견이라 부른다. 어깨 관절의 내부에는 염증이 없고 관절 주위의 근육과 신경혈관 등이 경결(硬結)되어 일어난다. 정식 병명은 견관절주위염(肩關節周圍炎) 또는 견비통(肩臂痛)이라 한다. 이 견통(肩痛)을 치술(治術)하려면 전문가마다 틀리고 침구치술면에 여러 많은 경혈을 사용해야 하지만, 이것은 가정요법이기 때문에 중요한 3주치혈만 소개한다.

견정혈(肩井穴)은 양쪽 어깨 위 중앙점 우묵한 곳이며 누르면 아픈 곳이다.

고황혈(膏肓穴)은 제4흉추 밑에서 좌우로 6cm 되는 곳이다.

격유혈(膈兪穴)은 제7흉추 밑에서 좌우로 3cm 되는 곳이다.

🌑 주혈(主穴)의 자극법

견정혈·고황혈·격유혈에 시구요법의 사용은 효과적인 요법이다. 지압요법이 함께 행해지면 더욱 효과적인 요법이 된다.

🔵 비고

어깨통뿐만 아니라 어깨나 목줄기가 뻣뻣해져서 고통을 받는 사람이 많이 있다. 개중에는 다른 병으로 인한 증세로서도 원인이 되며 어깨통이 발생한다. 지압·마사지를 행할 때 목 언저리의 견중유(肩中兪), 천주(天柱), 풍지(風池), 아문혈(瘂門穴) 등을 병행하여야 한다. 지압을 하는 데 첫째 지압점(경혈점)을 정확히 취혈(取穴)하는 것이 중요하다. 그러나 경혈의 위치를 준수하지 않는다면 효과는 커녕 역효과를 초래하기 쉽다. 이 점에 특히 유의하기 바란다.

천식^{喘息}·해소(해수^{咳嗽})

치천(治喘)

🔵 취혈(取穴)

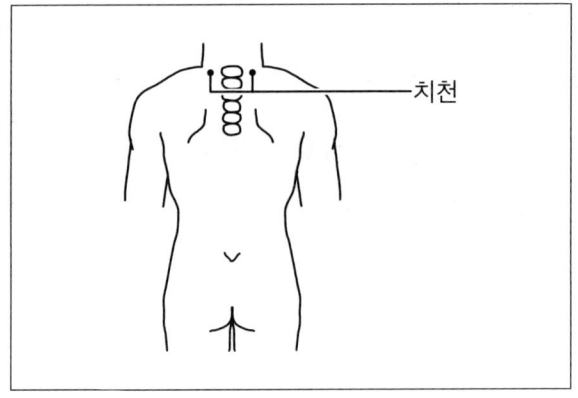

제7 경추돌기(頸椎突起) 아래와 제1 흉추돌기(胸椎突起) 사이의 정중선에서 약 2cm 떨어진 곳이 치천혈(治喘穴)이다.

⬤ 주혈(主穴)의 자극법

이 혈점에 시구법을 사용하는 것도 유효하다. 또한 헤어 드라이기의 열풍 자극법도 대단히 유효하다. 뜨겁다고 느껴지면 10회 좌우의 치천혈(治喘穴)에다 열풍자극을 가한다. 그리고 천식기침의 발작을 예방하기 위하여 매일 3회 행한다. 또한 기침이 발작중이라도 진정된다.

감기

폐유(肺兪)

● 취혈(取穴)

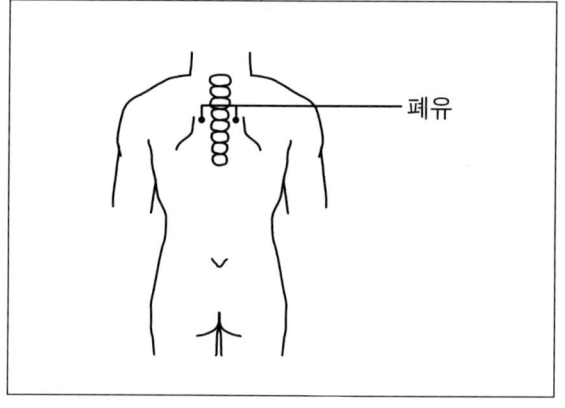

폐유

폐유혈은 현대의학에서 말하는 폐장기에서 생긴 폐병에만 국한하여 오직 이상 유무를 생각하지만, 동양의학은 폐와 호흡기 등 전반에 걸쳐 파악을 한다. 그래서 천식(喘息) 같은 호흡기 질환을 다스리는

데 폐유(肺兪)라는 혈을 경혈학상 주치혈이며 병증별 치료면에 급소혈로 보아주기 바란다. 폐유는 배골(背骨)의 제3·4 흉추의 좌우 외방 3cm에 있다.

● 주혈(主穴)의 자극법

좌우의 혈점에 헤어 드라이기로 열풍자극을 10회 뜨거운 열감을 느끼면 떼고, 반복적으로 계속한다. 이때 등판이 따스한 감이 들며 한기(寒氣)가 가셔 버린 느낌이 들면 감기가 나아지는 증세이다.

알레르기성 비염^{鼻炎}

대추(大椎)

🔵 취혈(取穴)

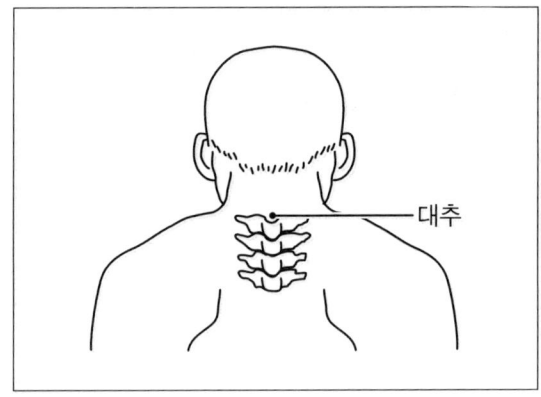

대추혈(大椎穴)은 머리를 전면으로 숙이면 배골의 제1
흉추의 등골뼈가 튀어나온 곳, 제7 경추와 제1 흉추의 돌
기 사이에 있다.

주혈(主穴)의 자극법

대추혈(大椎穴)에다 헤어 드라이기
로 열풍자극을 뜨거우면 떼면서 10회
반복한다. 열풍자극에 의하여 대추혈
부위가 점점 따뜻해지며 목 뒷덜미
머리카락이 난 곳까지 열감이 도달하
면 답답하던 콧속이 트이는 감을 느
끼면서 증세가 좋아진다. 매일 3회 행
한다. 그리고 다만 비염의 병증이 있
을 때만 요법을 행해야 한다.

위염 胃炎

위유(胃兪)·위창(胃倉)

● 취혈(取穴)

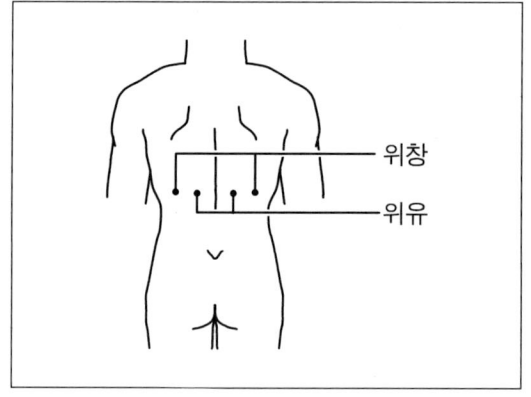

위창
위유

위유혈(胃兪穴)은 배골(背骨)의 제12 흉추와 제1 요추 골간에서 외방 3cm에 있는 곳이다.

위창혈(胃倉穴)은 위와 같은 위치의 정중선에서 6cm에 있다.

● 주혈(主穴)의 자극법

위염으로 위가 아플 때에는 10개 묶음의 이쑤시개의 뾰족한 쪽으로 3초간 눌렀다 떼고 10회 반복하면 위통이 가신다. 그리고 위통이 없을 경우에는 헤어 드라이기로 열풍자극을 식사 30분 전에, 뜨거우면 떼고 다시 갖다대고 15회 반복해서 계속 행한다.

간장병 肝臟病

간유(肝兪)

🔘 취혈(取穴)

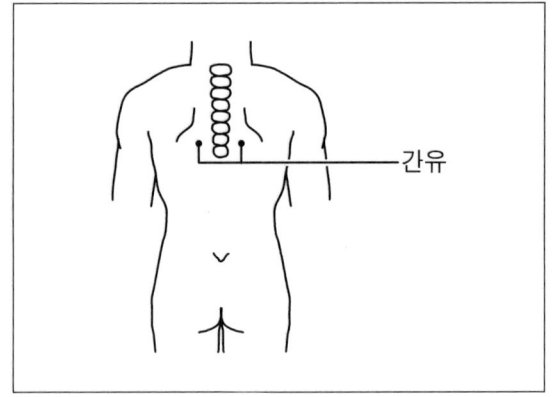

간유

간유혈(肝兪穴)은 간장질환에 가장 중요한 주치혈이며 배골의 제9·10 흉추간 사이에서 정중선 좌우의 외방 3cm에 있다. 간병을 앓고 있는 사람은 특히 간유혈의 부위가 뻐근하며 찬기가 느껴지며 또한 순통을 느낀다.

● 주혈(主穴)의 자극법

이 혈의 위치에 드라이기로 15회 뜨거우면 떼면서 반복하여 열풍자극을 준다. 그러면 부위의 뻐근한 순통과 한기가 가시고 부위가 온화한 느낌이 들면 간장병의 증세가 나아지고 있는 것이라 볼 수 있다. 매일 3회 자극을 주어야 한다.

당뇨병 糖尿病

요안(腰眼)

● 취혈(取穴)

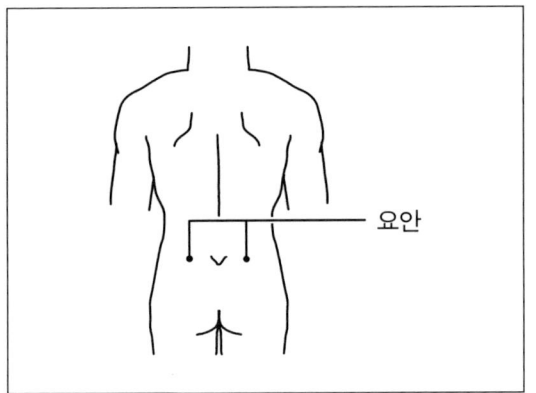

요안

요안혈(腰眼穴)은 당뇨병의 치술에 중요한 기혈이다. 요안은 제4·5 요추의 정중선에서 좌우 외방 3cm에 있는 곳이다.

🌑 주혈(主穴)의 자극법

대체적으로 당뇨병이 있는 사람은 특히 이 혈의 부위가 점차 냉해지고 순통을 느낀다. 이 혈에 드라이기로 열풍 자극을 10회씩 매일 3회 자극을 준다. 그리고 이 혈의 부위가 온열자극에 의하여 온화하고 부드럽게 느껴질 때 당뇨검사를 해보면 병의 증세가 개선되는지를 알 수 있다.

차료(次髎)

⬤ 취혈(取穴)

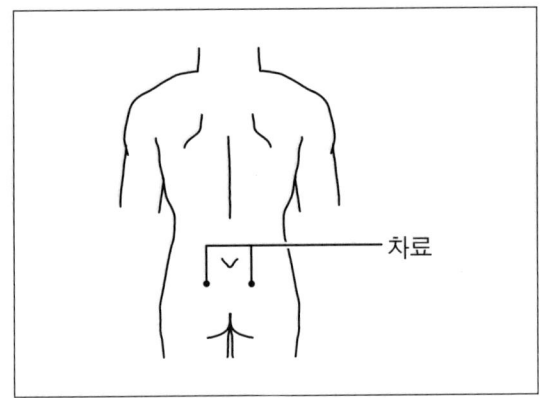

차료

이 차료혈(次髎穴)의 경혈은 부인과 질환의 특효혈이다. 이 혈은 제2 후선골공(後仙骨孔)의 함정부에 갈라진 볼기의 정중선 좌우 1.5cm 위치에 있다.

● 주혈(主穴)의 자극법

　요실금(尿失禁)은 평소 오줌을 지리는 병으로 남자보다 여자에게 많다. 헤어 드라이기로 이 혈의 부위에 10회 열풍자극을 행한다. 이 온열자극으로 이 혈의 부위가 온화해지면서 냉하였던 허리와 하복부가 따뜻해지면서 '오줌을 지리는 병증을 막을 수 있는 효과'를 기대할 수가 있다. 매일 3회 자극을 주어야 한다.

폐·심장의 기동법^{起動法}

폐·심장의 기동법^{起動法}

영대(靈臺)

● 취혈(取穴)

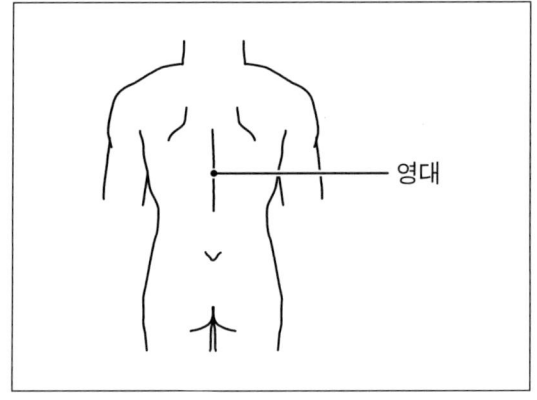

영대

　이 영대혈(靈臺穴)은 배골(背骨)의 정중선에서 제7 흉추(胸椎)에 있다. 이 경혈은 원래 기관지염, 천식, 흉막염 등을 주로 다스리는 주치혈이다. 예부터 기사회생법으로 유도나 무술을 하다가 도중에 갑자기 기절하여 쓰러져 버리면 고단자의 사범이 기절한 그의 제자를 앉힌 자세에서 이 혈에다 무릎을 갖다 대며 압박자극을 가하여 기

사회생시키는 활법의 급소혈로서
널리 활용되어 왔다.

⬤ 주혈(主穴)의 자극법

먼저 환자를 앉은 자세로 하고 시술자는 등 뒤로 돌아
가 오른쪽의 무릎을 환자의 등골 제7 흉추를 앞으로 압
박함과 동시에 가슴 위의 손바닥을 힘주어 누르며 환자
의 앞가슴 부분에서 밑으로 훑어 명치끝에 이르게 한다.
이 때 기합을 넣으면 효과적이다. 이렇게 해서 소생이 안
되면 여러 번 되풀이한다. 그러나 뇌진탕이나 협심증, 나
이 많은 쇠약한 노인, 중환자 등으로 기절한 경우는 시도
하지 말고 절대 안정을 기하여 병원에 가야 한다.

인두통 咽頭痛·편두통 偏頭痛

척택(尺澤)

● 취혈(取穴)

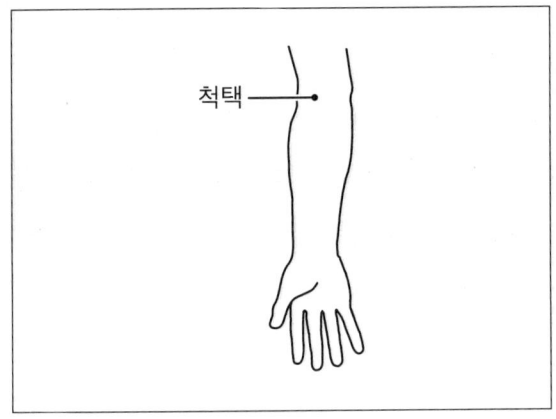

척택

이 척택혈(尺澤穴)은 호흡기 질환 및 편도염, 인두염 등에 주로 사용하는 주치혈이며, 해소와 폐열을 진정시키는 데 특효혈이다. 이 혈점은 팔을 구부려서 생기는 횡문(橫紋)의 외방 끝에서 안쪽으로 1cm 떨어진 곳에 있다. 누르면 팔이 저리며 심한 압통감을 느낀다.

◯ 주혈(主穴)의 자극법

반대 엄지 손끝으로 혈점에 대고 비벼 눌러 압통감이 느껴지도록 좌우혈에 10회 자극을 준다. 목구멍이 아플 경우에는 매일 3회 계속 자극을 준다.

공최(孔最)

🔘 취혈(取穴)

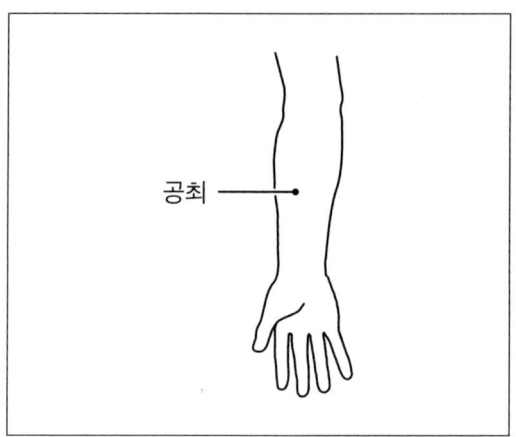

공최

　공최혈(孔最穴)은 팔을 구부렸을 때 생기는 횡문 바깥
쪽 끝에서 안쪽에 1cm 위치 척택혈에서 외방 10cm 되는
근육 사이에 있다. 심한 열병으로 땀(汗)이 나지 않을 경
우에 공최혈(孔最穴)이 특효혈이다. 그리고 이 혈은 치질
환에 중요한 주취혈이다.

● 주혈(主穴)의 자극법

이쑤시개 묶음의 뾰족한 쪽으로 눌러서 다소 아프다는 느낌으로 10회 3초간 자극을 준다. 그리고 매일 3회 취침 전에 계속 행한다. 그리고 반대 엄지손가락 끝으로 혈점에 대고 압통감이 느껴지도록 좌우 혈점에 지압 자극을 주는 것도 더욱 효과적이다.

● 비고
치질에는 주로 뜸(灸)을 사용한다.

극문(郄門)

● 취혈(取穴)

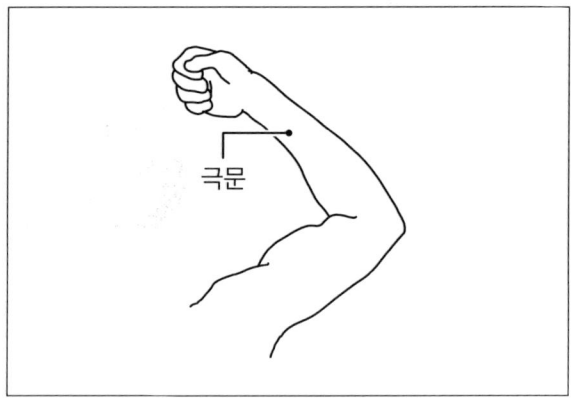

극문

극문혈(郄門穴)은 수관절횡문(手關節橫紋) 정중선에서 15cm 위치에 있다. 이 경혈은 흉통 및 늑간 신경통, 가슴의 동계(動悸) 등을 다스리는 주치혈이다.

● 주혈(主穴)의 자극법

가슴이 뛰거나, 숨이 가쁘고, 가슴이 답답하여 무겁거나 하는 등의 흉통이 있을 경우에 좌측의 혈점부터 자극을 준다. 반대 측의 엄지손으로 압통이 느껴지도록 3초간 10회 반복하여 좌우 혈점에 자극을 준다. 그렇게 하면 가슴이 뛰거나 숨이 차고 답답한 증상이 해소될 것이다.

내관(內關)

● 취혈(取穴)

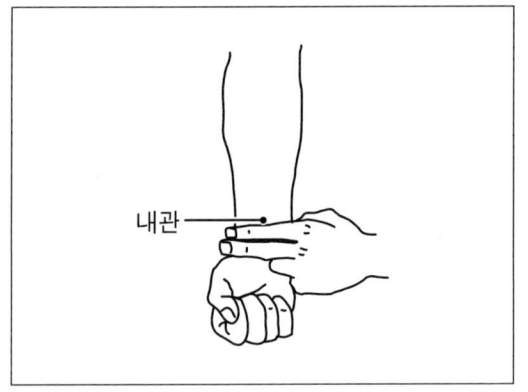

내관

내관혈(內關穴)은 수관절횡문의 정중선에서(두 橫指) 4cm 위치에 있다. 이 경혈은 주로 ① 심장질환에 의한 심급박동, 심장박동, 협심통, 흉통(가슴앓이), ② 위통, 악심구토, ③ 신경성질환에 의한 불면,

히스테리, 두통 등 이에 관한 여러 질환 등을 널리 다스리는 중요한 경혈이다. 여기에서는 우선 늑간신경통증이나 심장질환에 의한 심장박동이 빠르다던가 늦게 뛴다던가 또는 가슴통증 등에 관한 ① 질환에 대한 것만 소개하겠다.

🔴 주혈(主穴)의 자극법

이 내관혈을 엄지 손끝으로 누르면 저리고 아픈 압통감을 느낀다. 그리고 늑간신경통증이 발작한 통증 쪽의 혈점에 자극을 준다. 그리고 무지선(拇指線) 엄지손가락 끝으로 반대측 혈에 흉통의 통증만큼 3초간 10회 자극을 준다. 약한 지압자극은 효과를 기대할 수 없다.

🔵 비고

흉통(가슴앓이)에는 내관혈(內關穴)이 특효혈이다.

태연(太淵)

● 취혈(取穴)

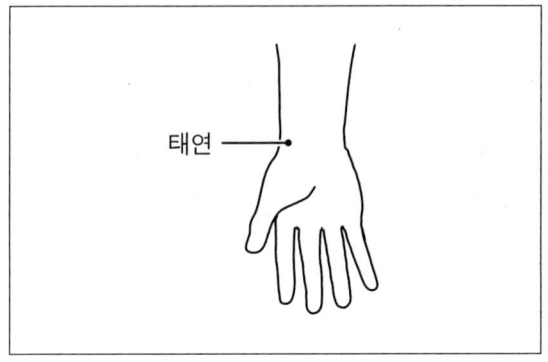

태연

태연혈(太淵穴)은 호흡기질환 및 해소, 노이로제 등의
주치혈이다. 이 경혈은 수관절장면횡문중(手關節掌面橫
紋中)의 상방 끝에 손끝을 대면 맥(脈)이 뛰는 곳이 혈점
이다.

● 주혈(主穴)의 자극법

맥을 보는 것처럼 엄지 손끝을 혈점에 갖다대고 눌러 돌려 비비면서 15회 지압자극을 준다. 그렇게 행하여도 기침이 멈추지 않으면 좀더 강하게 손목을 구부렸다 폈다 하면서 지압자극을 가하며 이 혈의 위치 등에 느낌이 따뜻해질 때 비로소 기침이 끝난다. 좌우혈에 압박 자극을 가하여 주고, 기침이 시작할 때 지압자극을 행하도록 한다.

차멀미(차승취^{車乘醉})·배멀미(선운^{船運})

신문(神門)

● 취혈(取穴)

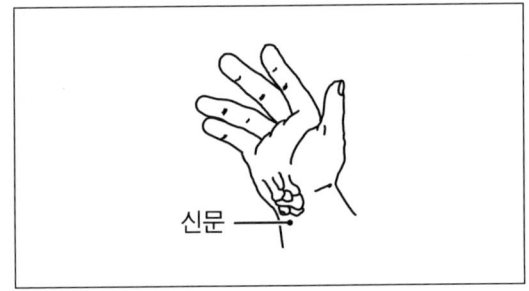

신문

신문혈(神門穴)은 정신과질환(히스테리에 포함), 불면
등을 주로 다스리는 중요한 주치혈이다. 외관절전면(外關
節前面), 소지측(小指側)의 횡문에서 수장(手掌) 쪽으로
돌출한 골(骨)이 있고 움푹 들어간 곳이 바로 혈점이다.

⬤ 주혈(主穴)의 자극법

　평소 차나 배를 타면 어지럽고 차멀미를 하는 경우에는 반대측의 엄지 손끝으로 3초간 15회 반복 좌우 혈점에 기분이 좋은 감도로 지압자극을 준다. 그리고 승차 전 또는 승차 직전에 이 혈점에 자극을 주면 차멀미에 예방효과를 기대할 수 있다.

자율신경실조증

수삼리(手三里)

● 취혈(取穴)

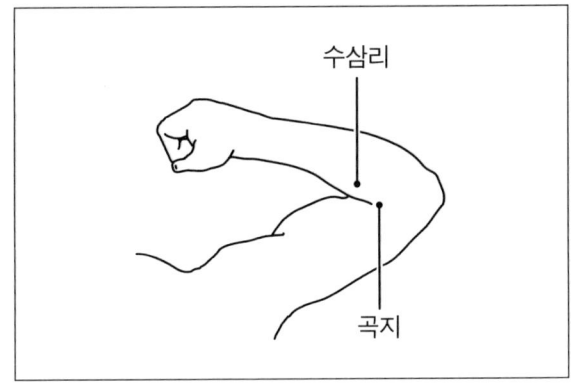

수삼리

곡지

　수삼리혈(手三里穴)은 족삼리혈(足三里穴)과 함께 견배부에서 두부에 이르는 질환의 치술에 광범위하게 사용하는 경혈로서 두통 및 뇌충혈, 뇌빈혈, 어지러움, 반신불수, 고혈압 등에 주치혈이다. 수삼리는 곡지혈(曲池穴)에서 검지의 손가락 쪽으로 선을 긋고 그 선 위에서 곡지의 아래로 세 손가락 길이 정도 내려간 부위이다. 근육과 근육 사이 우묵한 곳을 누르면 몹시 압통이 느껴지는 혈점이다.

● 주혈(主穴)의 자극법

자율신경(내장과 혈관을 지배하는 신경)의 밸런스가 흐트러져 때때로 불쾌한 증상이 나타나는 것이 자율신경실조증이다. 불쾌한 증상이 있을 때 반대측의 엄지 손끝으로(指先) 좌우혈에 5~10분간 압통을 느낄 만큼 지압자극을 행한다. 보통, 자율신경실조증에 걸린 사람은 자신의 몸에 일정한 통증을 잘 느끼지 못하지만, 매일 3회 계속 자극을 행하다 보면 점점 증상이 회복되어 가는 것을 알 수 있다.

갱년기의 불쾌증

삼양락(三陽絡)

● 취혈(取穴)

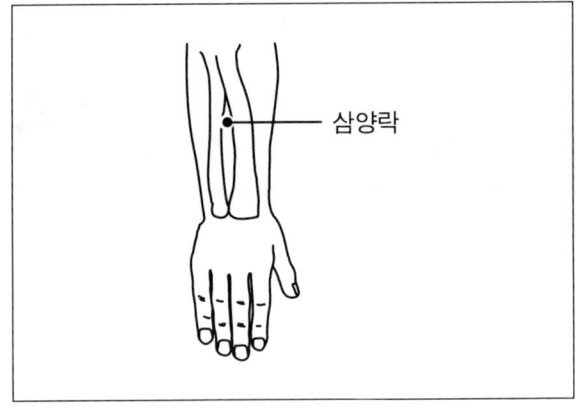

삼양락

　삼양락혈(三陽絡穴)은 완관절배면(腕關節背面)의 지구혈(支溝穴)에서 2cm 위치에 있다.

　일반적으로 명확하게 아픈 병도 아닌데 온몸에 여러 불쾌한 증상으로 많은 사람이 고통을 느끼는 것이 갱년기 증상증이다. 특히 갱년기의 여성은 머리가 상기되거나 멍청해지며, 얼굴이 상기되며 달아오르고, 팔다리가

저리고 쑤시고 아픈 증상 등이 나타나는데 이때 유효한
혈이 삼양락혈(三陽絡穴)이다.

● 주혈(主穴)의 자극법

갱년기의 증상은 머리가 멍청해지고
상기되며 수족이 냉한 것이 특징이다.
반대측의 엄지 손끝으로 좌우혈에 눌
러서 10회 압통감을 느끼도록 3초간
반복해서 지압자극을 행한다. 매일 3
회 계속 행한다.

양지(陽池)

취혈(取穴)

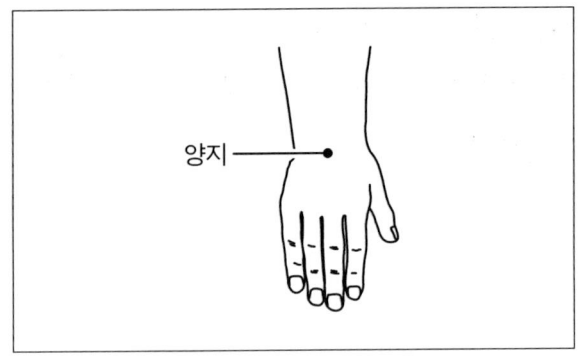

양지

양지혈(陽池穴)은 손목을 뒤로 젖혔을 때 생기는 손등 쪽 관절 횡문(주름)의 중앙부 오목한 곳이다.

이 경혈은 완관절통 및 자궁내막염, 갱년기장애 등의 주치혈이지만, 특히 만성질환의 자연치유력을 증강시키는 목적으로 사용하는 특효혈이다.

● 주혈(主穴)의 자극법

반대측의 인지나 중지 손끝으로 손등에는 엄지 손끝을 대고 양방으로 지압·자극한다. 5분간 계속하면 손목에서 손바닥 손가락이 따뜻하여진다. 그리고 충분히 따뜻해질 때까지 양손의 혈에 자극을 행한다. 매일 3회 계속 행한다.

눈·목구멍·혀의 동통疼痛

관충(關衝)

● 취혈(取穴)

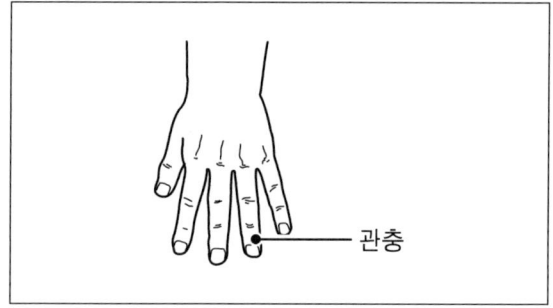

관충

관충혈(關衝穴)은 제4지적측이며 손톱에서 1mm 떨어진 곳에 있다. 이 경혈은 삼초경(三焦經)의 정혈(井穴)로 눈·목구멍·혀의 충혈, 종창, 발열 등에 동통이 있을 때 응급수단으로 통증과 심한 열을 해소시키는 급소혈이며, 특효혈이다.

● 주혈(主穴)의 자극법

몸에 동통이 있다는 것은 정도에 따라 단언하기 어려운 증상이지만 우선 동통을 해소시키는 데는 유효한 혈이다. 이 관충혈을 손끝으로 누르면 대단히 아프다. 반대측 인지와 중지의 손가락 사이에 약지의 혈점에다 끼고 아플 정도로 잡아 훑어서 뺀다. 이렇게 15회 반복 자극을 준다. 이밖에 머리핀의 뾰족한 끝으로 3초간 자극을 준다.

● 비고

이 혈은 예부터 위통·두통이나 어지러움 등 심한 풍열 등에 응급적으로 사용하는 명혈로 관충혈에다 바늘로 사혈(瀉血 ; 찔러 피를 내는)하는 것이 특효적인 방법이다.

중충(中衝)

● 취혈(取穴)

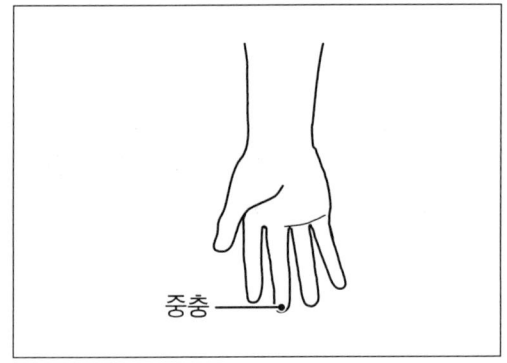

중충혈(中衝穴)은 손의 중지측 손톱의 끝 정중심점에 있다. 이 혈은 심장성질환, 의식장애, 고열, 중풍 등을 주로 다스리는 주치혈이며, 심장성 동통으로 가슴이 콱 막히는 듯한 괴로운 경우나, 특히 심한 고열로 정신을 못차릴 정도로 아플 때 급소혈이며 특효혈이다(이 경혈은 구급에 사용한다).

● 주혈(主穴)의 자극법

위에서 언급한 심장성 동통이나 고열로 괴로울 때 반대쪽 손으로 바늘을 가지고 혈점에 찔러 사혈(瀉血)한다. 만약 극심한 극열(極熱)일 경우에는 좌우 양혈점에 사혈을 행하면 더욱 유효하다.

상양(商陽)

● 취혈(取穴)

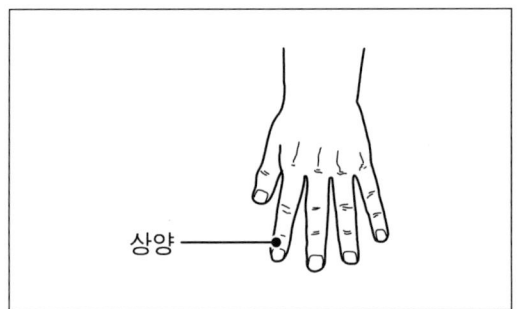

상양

상양혈(商陽穴)은 대장경(大腸經)의 정혈(井穴)로 손의
제2지(인지측 손톱)에 1mm 점에 있다. 이 경혈은 고질병
으로 진행되지 않는 급성 감기열이나 장열(腸熱), 편도
염, 귀울림 등에 있어 머리의 상충혈을 일시적으로 내리
게 하는 특효혈이다.

● 주혈(主穴)의 자극법

이 경혈은 위에서 언급한 급성열을 일시적으로 내리게 하는 구급에 사용하는 특효혈이다. 머리핀의 뾰족한 끝으로 10회 3초간 자극을 준다. 그러나 이 혈은 구급에 사용하는 혈이기 때문에 가급적 사혈을 행하는 것이 유효하다. 반대측 손으로 바늘을 가지고 사혈을 취하고 만약 심한 고열이면 좌우 양쪽 혈에 사혈을 한다. 그리고 시구(施灸)하는 것도 효과적이다.

인후통^{咽喉痛}·발열^{發熱}

소상(少商)

● 취혈(取穴)

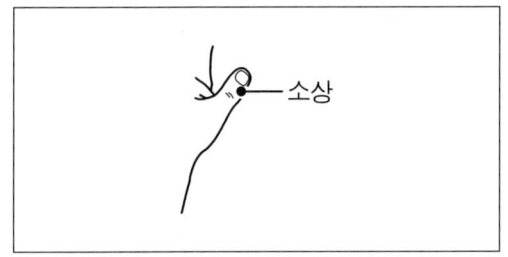

소상

소상혈(少商穴)은 무지측과갑각(拇指側瓜甲角)에서 1mm 떨어진 곳에 있다. 이 경혈은 감기, 편도선염, 장염 등으로 인한 발열을 주로 다스리는 주치혈이다. 그리고 특히 인후통이나 호흡부전 해소에 구급혈로서 특효혈이다.

● 주혈(主穴)의 자극법

주먹을 가볍게 쥐고 엄지손가락을
펴고 엄지 손의 손톱 옆 혈점에다 사
혈을 행한다. 그리고 혹은 시구(온열
구 3장) 뜸을 뜨는 것도 유효하다.

소택(少澤)

● 취혈(取穴)

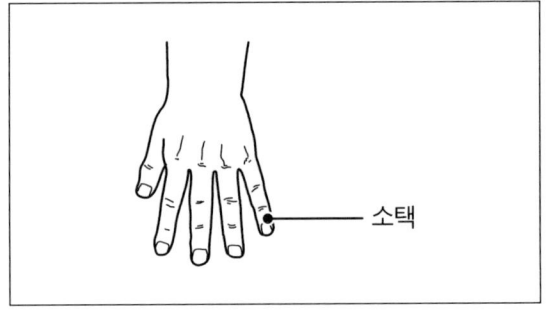

소택

소택혈(少澤穴)은 손의 제5지측과갑각에서 1mm 떨어진 곳에 있다. 이 경혈은 주로 두부의 열증 및 충혈성질환 등 치술면에 자주 사용한다.

◯ 주혈(主穴)의 자극법

주먹을 가볍게 쥐고 새끼손의 손톱 옆 혈점에 점자사혈을 행한다. 그리고 혹은 시구(온열구 3장) 뜸을 뜨는 것도 유효하다.

일사병 日射病 · 열사병 熱射病의 졸중 卒中

십선(十宣)

● 취혈(取穴)

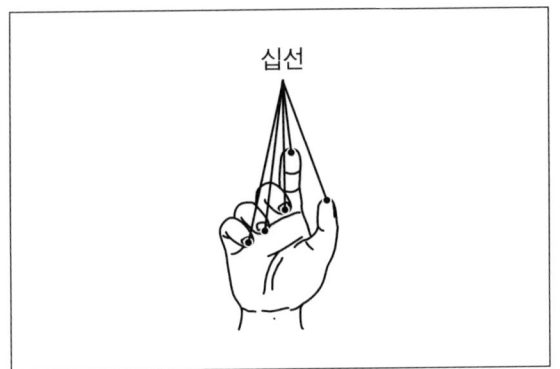

십선

십선혈(十宣穴)은 좌우 5지의 첨단에(손톱 끝 정중심점) 각지선혈(各指先穴)점이다. 이 혈은 예부터 일사병이나 열사병으로 인하여 의식을 잃은 혼수상태의 환자를 중국에서는 십선혈에 사혈을 가하여 기사회생시키는 구급혈이다.

● 주혈(主穴)의 자극법

손바닥을 위로 하고 손가락을 약간 반 구부린 자세로
양손의 각 손끝을 점자사혈한다. 그리고 지선통(指先痛)
에도 사혈법이 유효하다.

● 비고
이 혈은 졸중의 환자 구급요혈로서
시구(施灸)는 하지 않는다.

치질통 痔疾痛

회음점(會陰点)

● 취혈(取穴)

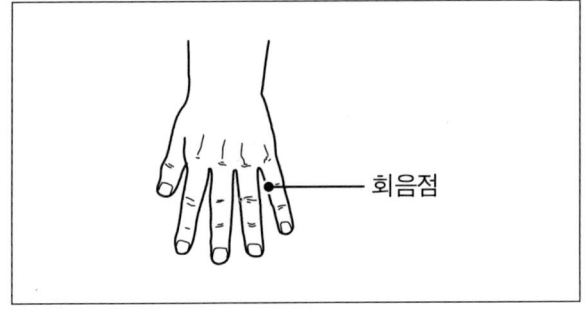

회음점

회음점혈(會陰点穴)은 손의 소지 제2 관절(지선에서 두
번째의 관절)을 구부리면 손바닥의 줄무늬 약지쪽 끝의
혈점이다. 이 혈점을 누르면 심한 압통감을 느낀다.

● 주혈(主穴)의 자극법

　좌우의 회음점(會陰点)에서 항문의 치질이 생긴 쪽에 압통이 더 심하면 그쪽부터 자극을 준다. 이쑤시개 5개를 묶어 뾰족한 쪽으로 통증을 느낄 정도로 3초간 10회 반복하여 자극을 행한다. 배변 후 치통(痔痛)  이 날 때 자극을 주고 매일 3회 행한다. 이 밖에 소지의 혈점을 반대 손의 모지와 인지 사이에 끼고 엄지손끝으로 비비며 강하게 지압을 한다. 양 혈점을 바꿔 가면서 지압 자극을 행한다.

수지^{手指}의 동통·마비

팔사(八邪)

● 취혈(取穴)

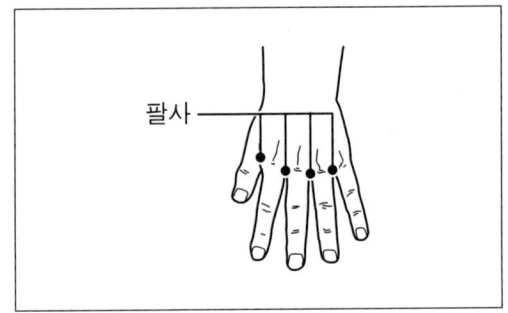

팔사

　팔사혈(八邪穴)은 손의 제1지~5지의 각 적합부의 전부 8혈점에 있다. 이 혈은 손목의 염증 또는 수지(手指)의 동통 및 마비 등을 주로 점자사혈로 다스리는 특효혈이다.

🌑 주혈(主穴)의 자극법

　시리고 저린 손가락의 아픈 측의 반
대측의 엄지손가락과 인지손가락 끝으
로 압통을 느낄 만큼 근저(根底) 뼈 사
이 혈점을 강하게 지압 자극한다. 그러
나 팔사혈(八邪穴)은 주로 점자사혈(点
刺瀉血)을 사용하는 것이 관례이고, 효
과적인 방법이다.

합곡(合谷)

⬤ 취혈(取穴)

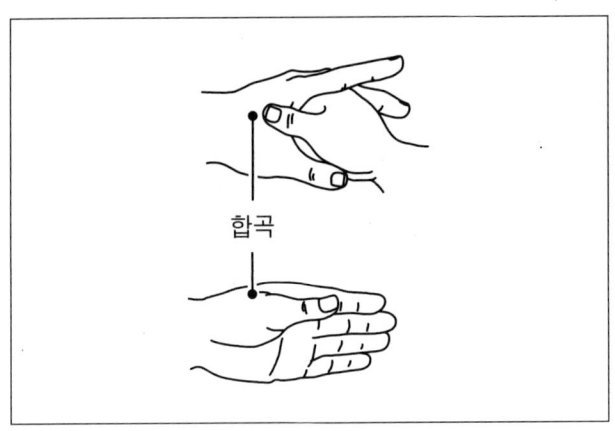

합곡

합곡혈(合谷穴)은 무지(엄지손가락)와 인지(집게손가락)를 벌리면 손등에 함몰부가 생긴다. 함몰부의 위쪽 끝을 누르면 찌르는 듯한 압감을 느끼는 곳이 혈점이다.

이 혈은 침구학상 365경혈 중에서 치료면에 있어 가장 널리 사용하는 명혈로서 이에 관한 설명은 생략하며, 다만 치통을 진정시키는 특효혈로서 소개한다.

🌑 주혈(主穴)의 자극법

이 합곡혈(合谷穴)은 사총혈(四總穴) 중에서 안면의 모든 질환에 주로 사용하는 중요한 혈로서 치통에도 대단히 유효한 혈이다. 치통이 날 때 치통만큼 아플 정도로 엄지손가락 끝과 검지손가락으로 혈점을 3초간 10회 정도를 좌우 혈점에 지압자극을 준다. 치통이 날 때만 자극을 행한다. 가령 오른쪽의 이가 아프면 오른쪽 혈점(穴点)에, 왼쪽 이가 아프면 왼쪽에 자극을 준다. 이 혈점에 지압자극을 주면 치통은 격감되지만 치료는 되지 않는다. 치과에 가서 치료를 받도록 해야 한다.

설사점(泄瀉点)

● 취혈(取穴)

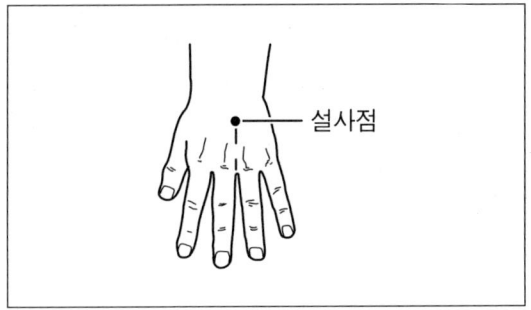

설사점혈(泄瀉点穴)은 손등의 중지와 약지의 부분에서 손목 쪽으로 손끝을 대고 내려가서 손등의 뼈 접합부에 손끝이 닿는 곳이 바로 설사점혈이다. 누르면 심한 압통 을 느낀다.

● 주혈(主穴)의 자극법

이 혈점에 이쑤시개 5개 묶은 둥근 쪽 끝이나 또는 머리핀의 뾰족한 쪽으로 3초간 10회 반복 자극을 준다. 그리고 또는 이 혈에 시구(온열구)로서 구창(뜸의 자국)이 생기지 않도록 4·5장 뜸을 뜬다. 뜸이 뜨거우면 재빨리 떼어 내며 뜸자리가 빨갛게 되도록 반복 행한다.

코막힘(비폐鼻閉)

비통점(鼻痛点)

● 취혈(取穴)

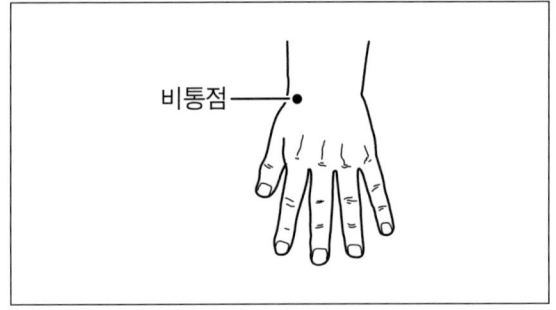

비통점

　비통점혈(鼻痛点穴)은 손등의 엄지손가락과 집게손가
락 중간 부분에서 손목 쪽으로 손끝으로 만져 내려가며
뼈끝이 닿는 곳이다. 그리고 인지로만 지압하면 효과를
기대할 수 없다.

● 주혈(主穴)의 자극법

반대측 무지(엄지손가락)를 혈점에
대고 인지를 손바닥에 끼어 붙이며
엄지 손끝으로 압통을 느끼도록 눌러
좌우 혈점에 자극을 행한다. 코가 막
힐 때 지압 자극한다.

경정점(頸頂点)

● 취혈(取穴)

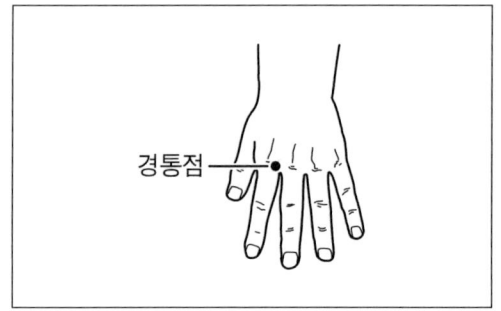

경정점혈(頸頂点穴)은 손등의 검지 손과 가운데 손가락의 갈라진 마디 부분에서 손목 쪽으로 약 2cm 떨어진 곳이 바로 이 혈점이다. 이 혈점에 어깨의 통증이 심한 사람은 누르면 대단한 압통점을 느낀다.

⬤ 주혈(主穴)의 자극법

반대측 손의 중지를 혈점에 대고 엄
지 손끝을 손바닥 밑에 붙이며 양측을
꼭 끼어 쥐며 검지와 새끼손가락까지
쥐었다 펴는 것을 반복하며 계속 자극
을 행한다. 그리고 찌릿한 압통을 느끼
도록 10회 손가락을 쥐었다 폈다 하는
자극을 주며 매일 3회 계속 행한다.

요퇴점(腰腿点)

취혈(取穴)

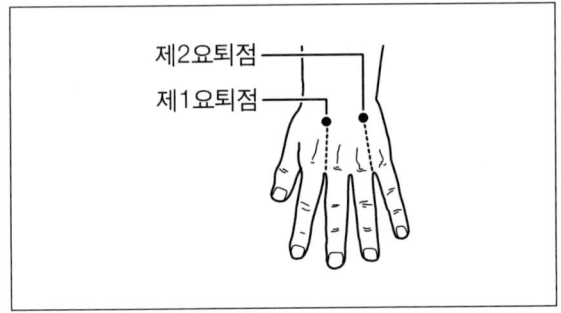

　　요퇴점혈(腰腿点穴)은 손등에 두 혈점이 있다. 제1 혈점은 손등의 검지 손과 가운데 손가락의 갈라진 곳에서 손목 쪽을 향해 내려가 뼈와 뼈의 적합부 끝이 닿는 곳이 혈이다. 그리고 제2 혈점은 손등의 약지와 소지의 갈라진 곳에서 손목 쪽을 향하여 역시 뼈의 끝이 닿는 곳이다.

● 주혈(主穴)의 자극법

　제1 요퇴점혈(腰腿点穴)은 급성허리통에 유효하다. 그리고 제2 요퇴점혈은 만성허리통에 유효하다. 요통이 있는 측에 손등의 혈점에 대고 엄지 손끝을 손바닥 밑에 붙여 양측을 꼭 쥐며 검지와 나머지 손가락들을 쥐었다 폈다 반복하며 10회 계속 자극을 행한다. 제1·2 자극방법은 같다. 요통이 있을 때 자극요법을 취해야 통증이 격감한다. 그리고 매일 3회 계속 행하게 되면 허리통 예방 효과를 기대할 수 있다.

저혈압^{低血壓}

손의 혈압반응구(血壓反應區)

⬤ 취혈(取穴)

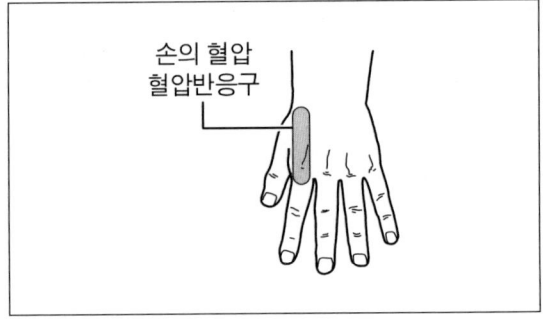

손의 혈압
혈압반응구

인지손가락을 상·하로 움직이면 손등의 엄지와 검지손
가락 사이 끝의 밑에서 손목을 향하여 부풀어 올라 온
근육을 볼 수 있다. 이 부분이 바로 손의 혈압반응구혈
(血壓反應區穴)이며 저혈압인 사람은 이 부위를 지압 자
극을 가한다.

🌑 주혈(主穴)의 자극법

손등의 혈점에 엄지손가락과 검지손가락 양쪽 손가락 끝으로 3분간 지압 자극을 행한다. 이 혈점의 부위가 따뜻해지도록 자극을 가하며 과격한 자극을 피하고 기분이 좋을 정도로 자극을 취하는 것이 효과적이며 매일 3회씩 행한다.

식욕부진

위(胃)·비(脾)·대장구(大腸區)

● 취혈(取穴)

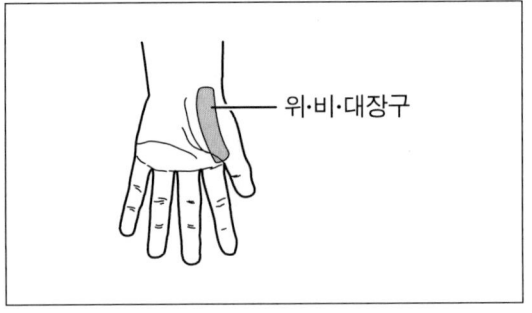

위·비·대장구

　대장구혈(大腸區穴) 등은 손바닥의 무지 등에서 손목 방향으로 손자국이 생명선과 나란히 2cm 폭의 부풀어 올라온 살의 부위를 위·비·대장구라 한다. 이 구혈의 부분에다 지압 자극을 주면 식욕이 되돌아온다.

🌑 주혈(主穴)의 자극법

반대측 무지선(엄지손가락 끝)으로 구혈부에 누르고 비비며 문지르며 2~3분간 자극을 준다. 그리고 양손의 구혈부분을 갖다 맞춰 비비는 것도 좋은 요법이다. 이렇듯 양손의 구혈부가 따뜻해지도록 행하며 매일 식사 20분 전에 행하는 것이 효과적이다.

생리통(월경)

생식구(生殖區)

● 취혈(取穴)

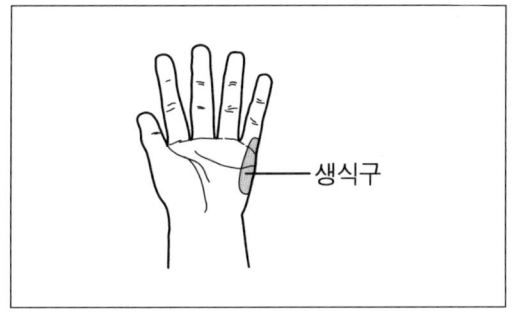

생식구

생식구혈(生殖區穴)은 손의 소지측의 수도(새끼손가락측의 밑등양의 일명 손칼 부분)가 생식구로서 이 부분이 충실되어 있는지 빈약한지 생식능력이 판정되는 혈구이다.

● 주혈(主穴)의 자극법

월경 때 생리통이 시작할 때 반대쪽 손으로 손바닥과 손등의 양방을 쥐며 가운데 손가락 끝으로 강하게 지압 자극을 가한다. 그리고 생리통이 대단히 심할 경우 생식구혈에는 아픈 만큼 자극을 가한다. 그리고 생리가 시작하게 되면 이쑤시개 10개를 고무줄로 묶은 다음 뾰족한 쪽으로 약간 아프도록 3초간 10회 반복 자극을 준다. 이는 또한 생리통을 미리 막게 해준다.

건리삼침구(健理三針區)

● 취혈(取穴)

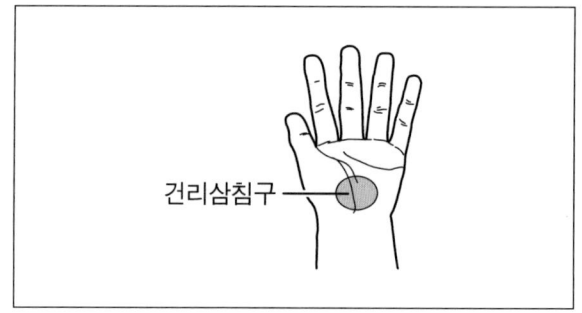

건리삼침구

건리삼침구혈(健里三針區穴)은 손바닥의 중심부에서 손목쪽으로 2cm 부분에 있다. 이 구혈은 허약한 위장활동을 촉진시켜 위장 허약을 개선시키는 구혈이다.

● 주혈(主穴)의 자극법

몸이 허약한 사람은 일반적으로 볼 때 양손의 건리삼침구혈 부분이 차갑다. 매일 3회씩 이 구혈에 반대측 손으로 자극을 주거나 또는 양손 바닥을 이 구혈에 맞추어 비벼준다. 구혈 부분이 따뜻해지도록 자극을 계속한다. 너무 강한 자극을 주는 것은 역효과가 날 수 있다.

신열(腎熱)

● 취혈(取穴)

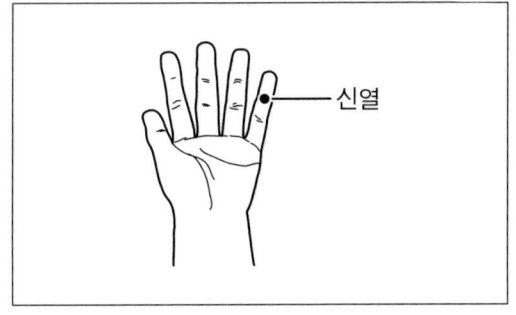

신열혈(腎熱穴)은 손바닥의 소지 제1 관절 손금의 중앙 점에 있다. 이 혈은 백발을 예방하는 데 유효한 혈이며 이 혈점은 '호르몬'의 분비를 조절하는 혈이다.

● 주혈(主穴)의 자극법

　반대측 손의 인지와 중지 사이에 잡아
끼고 눌렀다 뗐다가 잡아 훑으며 마사지
자극을 가한다. 그리고 심한 자극은 역
효과가 날 수 있으니 부드러운 자극을
주도록 하며 새끼손의 전체가 따뜻해질
때까지 2~ 3분간 매일 3회 계속한다. 양
손의 혈점에 바꿔가면서 자극을 행한다.

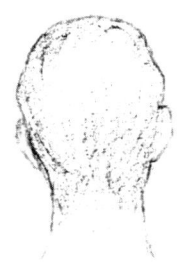

백발

노안 老眼

안점(眼点)

● 취혈(取穴)

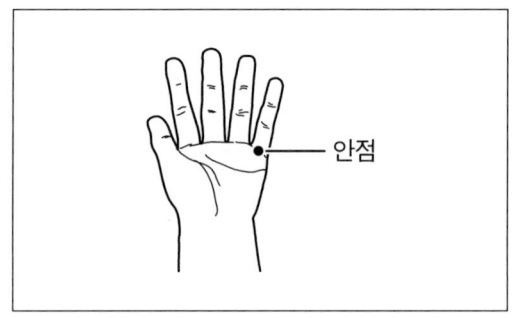

안점

안점혈(眼点穴)은 손바닥의 소지(小指)가 붙어 있는 관절 목 손금의 중앙점에 있다. 그리고 이 혈은 감각이 매우 예민한 곳으로 누르면 대단한 압통감을 느낀다. 한의학서에 의하면 '나는 40대 당시 시력이 떨어지기 때문에 매일 안점혈에다 시구(施灸)를 한 덕택으로 지금 76살의 늙은 나이에도 1.2의 시력을 유지하고 있다'는 名穴로 씌어져 있다.

● 주혈(主穴)의 자극법

머리핀의 뾰족한 끝으로 압통을 느낄 만
큼 강하게 3초간 좌우 혈을 10회 반복하여
자극을 준다. 그리고 매일 3회 계속한다. 이
때 반대쪽 엄지손가락 끝으로 양 혈점을 바
꿔가면서 자극을 가하여도 효과적이다.

생리불순

혈해(血海)

⬤ 취혈(取穴)

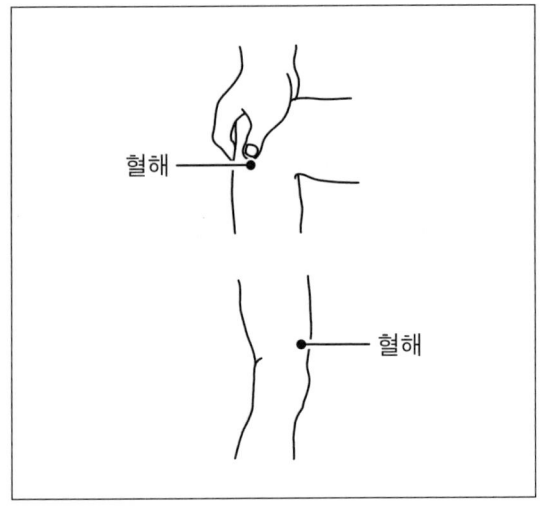

혈해혈(血海穴)은 무릎 뼈 위에 손을 얹어 무지선(엄지 손끝)이 자연스럽게 내측을 향하게 하여 그 엄지 손끝이 닿는 곳이 혈이다. 무릎에 힘을 주고 다리를 폈을 때 넓 적다리 내측의 근육이 우묵한 중앙점이 좌우의 혈점이다.

이 혈점을 누르면 독특한 압통감을 느낀다. 생리 때 생리 불순인 경우에는 규칙적으로 바로 잡아 주는 혈이다. 그리고 이 경혈은 주로 부인병을 다스리는 주치혈이다.

🔵 주혈(主穴)의 자극법

이쑤시개 10개를 묶어 뾰족한 쪽으로 아픈감을 느끼도록 3초간 10회 반복으로 자극을 준다. 그리고 혹은 헤어 드라이기의 열풍으로 10회 반복 열풍자극을 준다. 또는 엄지 손끝으로 지압을 행하여도 좋다.

무릎통증^{足膝痛} ; 족슬통

슬안(膝眼)

● 취혈(取穴)

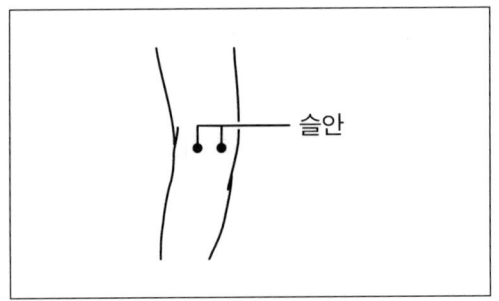

슬안

슬안혈(膝眼穴)은 양다리를 펴고 무릎 밑을 보면 무릎 뼈 밑 좌우의 움푹 들어간 곳이다. 무릎의 내측에 있는 것을 내슬안(內膝眼)혈, 무릎 외측에 있는 것을 외슬안 (外膝眼)혈이라 한다.

● 주혈(主穴)의 자극법

무릎통에는 무릎의 내측이 아픈 경우와 또는 외측이
아픈 경우가 있다. 처음에 아픈 측의 혈점과 반대 측의
혈점에 자극을 준다. 헤어 드라이기
의 열풍으로 10회 반복을 하여 열풍
자극을 매일 3회 계속 행한다. 그리
고 혹은 혈점에다 시구(施灸)를 한
다. 온열구(溫熱灸)로 미립(米粒 ;
쌀알) 크기의 쑥뜸을 놓고 뜨겁다
느끼면 재빨리 떼어내 버리며 6~7
회 반복하여 행한다. 뜸뜬 자국이 생기지 않게 하며, 다
만 뜸뜬 자리가 빨간색으로 충혈상태가 되도록 행한다.

풍륭(豊隆)

취혈(取穴)

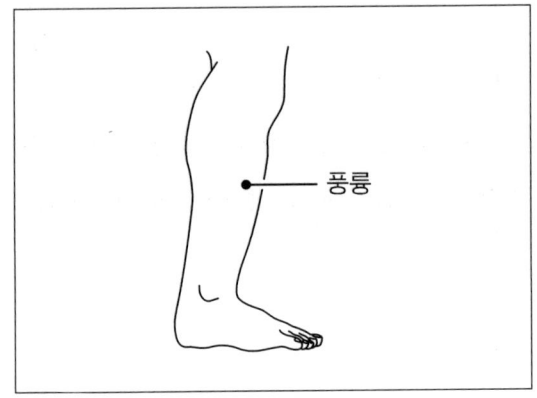

풍륭

풍륭혈(豊隆穴)은 외과(外踝 ; 왼쪽 복사뼈)의 상방에
서 위로 올라가 8寸(20cm) 떨어진 곳에 발끝에 힘을 주
면 종아리에 근육이 나와 있는 바로 밑 부분의 움푹 들
어간 곳이 바로 혈점이다.

● 주혈(主穴)의 자극법

이 혈점에 자극을 가하면 위장의
수축항 식용이 억제되어 과식을 막
을 수 있다. 이쑤시개 5~10개를 묶
은 다음 뾰족한 쪽으로 아프다고 느
낄 만큼 3초간 15회 반복 자극을 가
한다. 힘없이 자극에 임하면 효과를
기대할 수 없다. 식사 20분 전 하루
에 3번 좌우의 혈에 자극을 준다.

다리근육통

비양(飛陽)

⬤ 취혈(取穴)

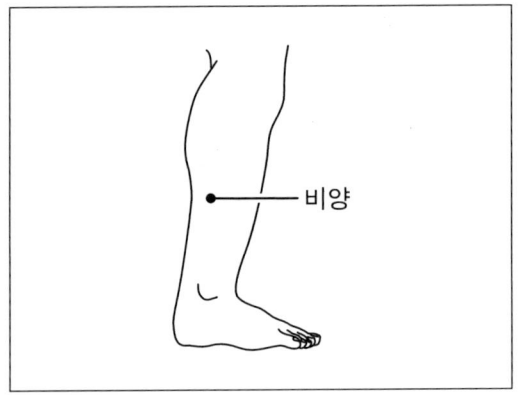

비양

　비양혈(飛揚穴)은 외과후연(外踝後緣 ; 왼쪽 복사뼈의 후인)의 직상방에서 위로 훑어 올라가면 다리의 넘치근(筋) 7寸(17.5cm) 위치점이다. 이 혈점을 누르면 압통감을 느낀다.

주혈(主穴)의 자극법

　다리에 쥐가 나는 것으로 종아리(腓腱筋)가 갑자기 수축하여 강직성 경련을 일으키는 것과 혹은 정맥의 응혈 또는 오래 앉아서 다리가 저릴 때에는 이 혈점에 엄지 손끝으로 힘껏 3초간 반복 지압 자극한다. 따라서 발가락 끝을 밑으로 눌러 발을 힘껏 젖힌다. 따라서 무릎과 발목을 구부렸다 폈다 하면 금방 낫는다. 오래 앉아서 다리가 저릴 때도 역시 이와 같은 방법으로 사용한다.

이일숙취 ^{二日宿醉}

축빈(築賓)

🔵 취혈(取穴)

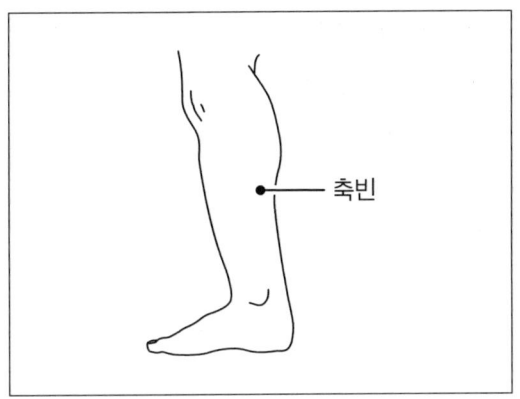

축빈혈(築賓穴)은 하퇴내측(下腿內側), 내과(안쪽 복사뼈)에서 상방으로 거슬러 올라가 5寸(12.5cm)의 비건근 부위에 있다. 이 혈점을 누르면 몹시 저린 압통감을 느낀다.

주혈(主穴)의 자극법

술을 마신 후 숙취(宿醉)가 다음 날까지 완전히 깨어나지 못하고 계속 지속될 경우 좌우의 혈점에다 이쑤시개 10개를 묶은 것의 뾰족한 쪽으로 3초간 10회 반복하여 계속 자극을 가한다. 그리고 이 경혈은 치술면(治術面)에 있어 소아 태독, 약물독, 체내독, 식독 등의 해독 치료를 위한 주치혈이다. 또한 반대쪽 엄지손가락 끝으로 양 혈점을 바꿔가면서 자극을 주어도 좋다.

좌골신경통 坐骨神經痛

위중(委中)

🔵 취혈(取穴)

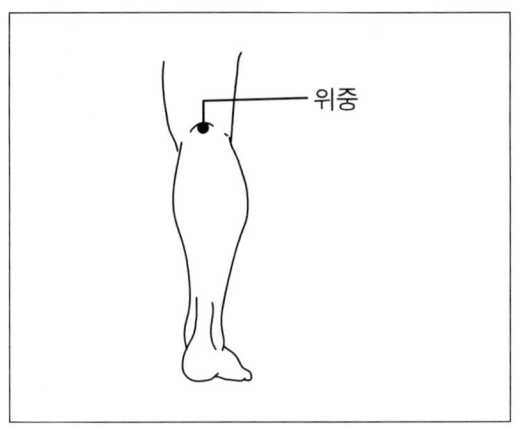

위중

위중혈(委中穴)은 무릎 뒤쪽의 횡문선 중앙점의 혈이다. 그리고 요통과 좌골신경통, 고혈압 등을 위한 주치혈이다. 이 혈점을 누르면 저리며, 아픈 압통감을 느낀다.

⬤ 주혈(主穴)의 자극법

이쑤시개 10개를 묶은 다음 뾰족한 쪽으로 3초간 10회 반복하여 계속 자극을 가한다. 그리고 또한 머리핀의 뾰족한 쪽으로 눌러 통증을 느끼도록 3초간 15회 반복하며 계속 자극을 준다. 좌골신경통은 특히 밤잠 잘 때 통증이 심하다. 때문에 취침 전에 자극요법을 행하는 것이 유효하다. 그리고 낮에 허리의 통증이 있을 때에는 매일 3회 자극을 주며, 통증이 있는 곳의 혈점부터 먼저 자극요법을 가한다.

고관절통 股關節痛 ; 다리통증

구허(丘墟)

● 취혈(取穴)

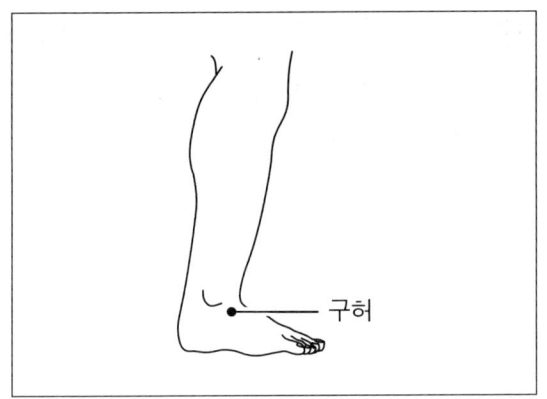

구허

구허혈(丘墟穴)은 외과(왼쪽 복사뼈)의 최저 하단에 손
끝으로 눌러 움푹 들어간 곳이다. 이 경혈은 주로 족관절
염, 다리신경통 등의 주치혈이다.

🔵 주혈(主穴)의 자극법

아픈 다리 측의 혈점부터 먼저 시작한다. 그리고 발목 복사뼈의 전단 바로 혈점에 인지선(검지 손끝)이나, 중지선(가운데 손끝)으로 눌러 압통감을 느낄 만큼 발목을 돌리며 강하게 자극을 준다. 그리고 남성은 손끝으로 강하게 혈점을 누르고 있는 상태에서 발목을 내측으로 20회 돌리고 외측으로 10회 돌린다. 여성은 내측으로 10회, 외측으로 20회 발목을 돌린다. 반대 측의 다리의 혈도 같은 자극요법이다. 하루 3회 자극을 준다.

급성요통 急性腰痛

금문(金門)

● 취혈(取穴)

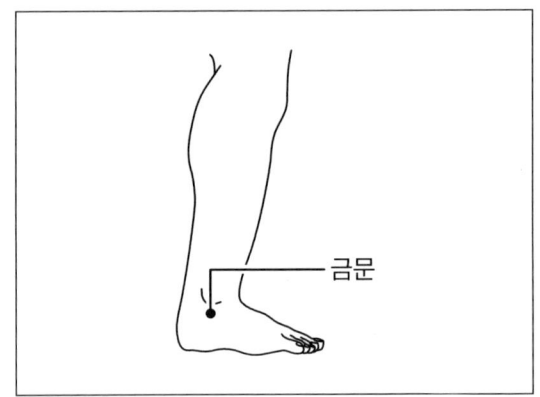

금문

금문혈(金門穴)은 외과골(외측 복사뼈) 부분의 정상에
서 직선 직하 끝에 함중(陷中 ; 들어간 곳)이 바로 혈점
이다. 갑자기 허리를 삐끗했을 때 아픈 요측의 혈점부터
시작한다. 그리고 허리 전체가 아플 경우에는 양방의 혈
점에다 자극을 가한다.

🔵 주혈(主穴)의 자극법

발목의 복사뼈 부분의 혈점에 인지선(검지 손끝)이나 중지선(가운데 손끝)으로 눌러 압통을 느낄 만큼 발목을 돌리며 강하게 자극을 준다. 그리고 남성은 손끝으로 강하게 혈점을 누른 상태에서 내측으로 발목을 20회 돌리고 외측으로 10회 돌린다. 반면 여성은 외측으로 10회 발목을 돌리며, 내측 방향으로 20회 돌린다. 요통이 일어나면 매일 3회 자극을 가한다.

부종 浮腫 · 부기 浮氣

수천(水泉)

● 취혈(取穴)

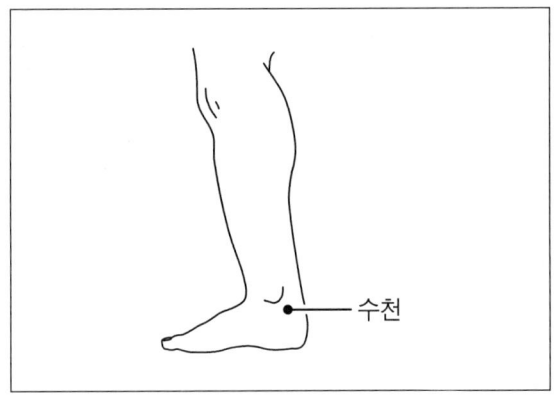

수천

수천혈은 내측종골(內側踵骨 ; 안쪽 발꿈치 뼈)의 후인
선 중간점에 혈점이 있다. 누르면 심한 압통감을 느낀다.

● 주혈(主穴)의 자극법

　반대측 무지선(엄지 손끝)으로 이 혈점
에다 3초간 15회 반복하여 지압 자극을
가한다. 너무 지나친 강한 자극은 역효과
이니 기분에 적당한 자극을 준다. 그리고
부종이 일어나기 쉬운 저녁이나 밤에 자
극을 준다.

위궤양胃潰瘍의 통증

공손(公孫)

🔵 취혈(取穴)

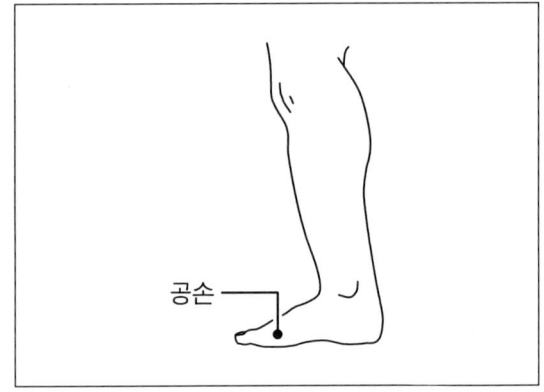

공손

    내측의 엄지발가락에 붙어 있는 복사뼈 후인 바로 옆 손끝으로 누르면 움푹 들어간 곳이 공손혈(公孫穴)이다. 이 혈을 누르면 압통감을 느낀다. 특히 위궤양이나 위장염이 있는 사람은 더욱 압통감을 느낀다. 이 경혈은 주로 상복부질환 및 각종 질환에 널리 사용하는 주치혈이다.

● 주혈(主穴)의 자극법

이쑤시개 10개를 묶은 것의 뾰족한 쪽으로 3초간 10회 계속 반복 자극을 가한다. 그리고 좌우의 혈점에 자극을 주며 식사 20분 전에 자극을 준다. 또한 위통이 날 때 자극하는 것이 유효하다. 그리고 반대쪽 엄지손가락 끝으로 양 혈점을 바꿔가면서 자극을 주어도 좋다.

자궁근종^{子宮筋腫} ; 부정출혈

음양(陰陽)

● 취혈(取穴)

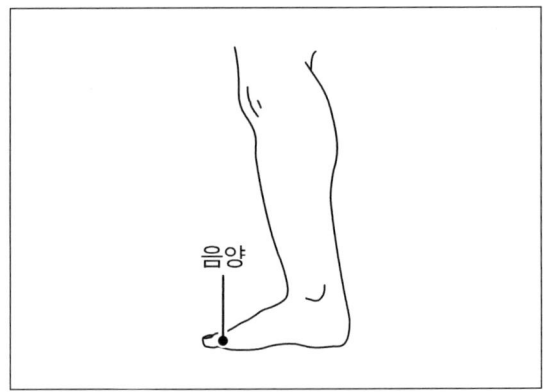

음양

　발의 무지(拇指 ; 엄지발가락)를 보면 엄지발의 제1 관
절 곡골의 내측 횡문 끝이 바로 음양혈(陰陽穴)이다. 예
부터 이 혈점은 여성질환의 부정출혈에 특효혈이다.

⬤ 주혈(主穴)의 자극법

　이쑤시개를 5개 정도 묶은 것의 뾰족한 쪽으로 3초간 10회 아픈 감이 느끼도록 자극을 가한다. 그리고 부정출혈이 나타나면 하루 3회 계속 자극을 준다. 또한 반대쪽 엄지손가락 끝으로 양 혈점을 바꿔가면서 자극을 주어도 좋다.

백내장白內障

경골(京骨)

◯ 취혈(取穴)

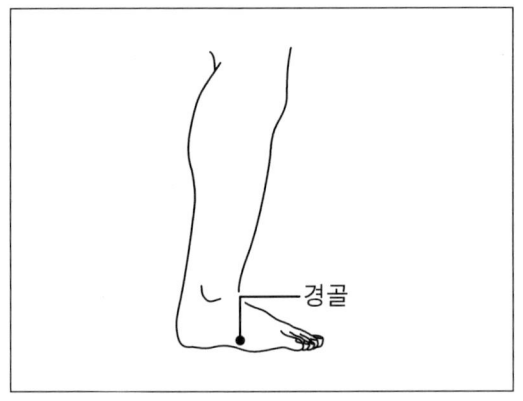

경골

경골혈(京骨穴)은 발의 소지의 외측에서 손끝으로 훑어가면 중간에 튀어나온 뼈에 닿을 것이다. 제5 중족골(中足骨)의 후함중(後陷中 ; 뒤에 움푹 들어간 것)의 혈점이다. 이 경혈은 안충혈, 각막염, 뇌출혈 등의 주치혈이다. 눈의 렌즈에 해당하는 수정체에 하얀 백태가 낀 것이 백내장(白內障)이다. 경골혈(京骨穴)은 이 백내장의 예방에 효과적인 특효혈이다.

● 주혈(主穴)의 자극법

이쑤시개 5개를 묶은 것의 뾰족한 쪽으로 3초간 10회 경혈의 부위가 따뜻해지도록 자극을 주거나 혹은 이 혈에다 시구를 행한다. 온혈구로 미립 크기의 쑥뜸을 6~7장 반복 행한다. 구창(灸瘡)이 생기지 않도록 전문에서 언급한 온열구의 사용법을 참조할 것.

음위^{陰痿} ; 발기부전, Impotence

귀두(龜頭)

취혈(取穴)

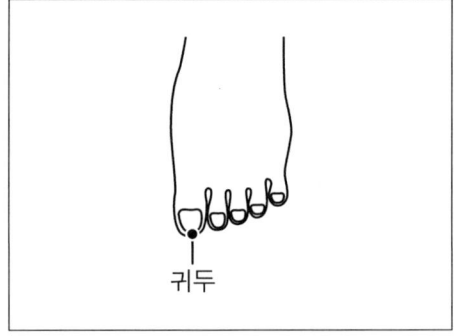

귀두

발의 무지선(拇指先 ; 발의 엄지발가락 끝)의 중심점이 바로 귀두혈(龜頭穴)이다. 엄지발가락은 귀두(龜頭 ; 남성 페니스의 머리 부분)를 닮았다. 또한 임포텐스성적인 사람은 귀두혈 그 자체 또한 탄력성이 없다.

● 주혈(主穴)의 자극법

이쑤시개 10개를 묶은 것의 뾰족한 쪽이나 뾰족한 머리핀 등으로 가벼운 압통을 느낄 정도로 3초간 이 혈점에다 15회 반복 자극을 행한다. 그리고 임포텐스성인 사람은 특히 귀두의 혈점이 다소 둔해 있기 때문에 자극을 계속 가하면 감각이 회복된다. 반대쪽 손으로 엄지발가락을 쥐고 인지(人指) 끝으로 양 혈점에 바꿔가면서 자극을 가하여도 좋다.

눈 어지러움증 ; 목운目暈

제2대돈(第二大敦)

● 취혈(取穴)

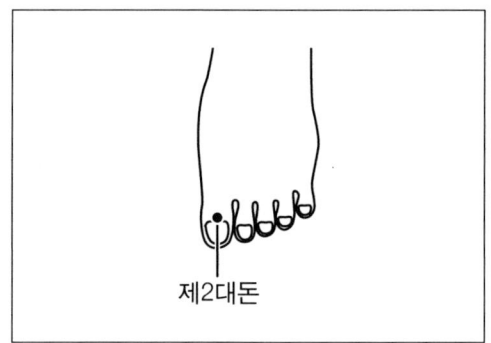

제2대돈

제2·대돈혈(第二大敦穴)은 足의 무지(발의 엄지)의 발톱 좌우 중앙점의 후인에서 뒤쪽 2mm 위치의 혈이다. 그리고 이 혈점을 누르면 머리까지 울리도록 심한 압통감을 느낀다.

● 주혈(主穴)의 자극법

머리핀의 뾰족한 쪽이나 혹은 이 쑤시개 5개 묶은 것의 뾰족한 쪽으로 압통을 느낄 만큼 3초간 10회 반복하여 좌우 혈점에다 자극을 가한다. 매일 3회 계속한다. 그리고 반대쪽 손으로 엄지발가락을 쥐고 엄지손가락 끝으로 양 혈점에 바꿔가면서 자극을 가하여도 좋다.

구토기 嘔吐氣

제3여태(第三厲兌)

● 취혈(取穴)

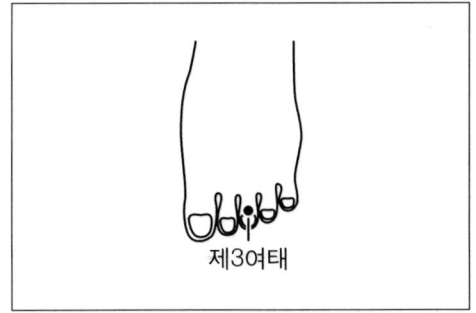

제3여태

제3여태혈(第三厲兌穴)은 족의 제3지(발의 셋째 발가락)의 발톱 좌우 중앙점의 후인에서 뒤쪽 2mm 위치에 있다. 이 혈점은 구토증, 구역질 등에 특효혈이다.

● 주혈(主穴)의 자극법

이쑤시개를 묶어 뾰족한 쪽으로 압
통을 느낄 만큼 3초간 눌렀다 뗐다 10
회 반복하여 좌우 혈점에 자극을 가
한다. 그리고 또 하나 엄지손과 인지
손을 혈점의 양방에 끼고 누르고, 비
비며, 문지르고, 지압으로 자극한다.
구토증이 날 때 이 혈점에 자극을 가
하면 그 자리에서 구토증이 해소된다.

빈뇨頻尿 ; 잦은 오줌

지음(至陰)

● 취혈(取穴)

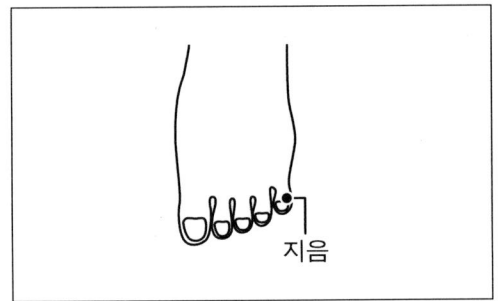

지음

　지음혈(至陰穴)은 발의 제5지 외측의 발톱 2mm 혈점이다. 이것은 태아의 위치 이상과 난산(難産), 체산(滯産) 등 예부터 널리 알려진 명혈이다. 그리고 빈뇨에도 유효한 혈이다.

● 주혈(主穴)의 자극법

애조봉 일명 쑥뜸봉으로 혈점에다 화열(火熱)을 가까이 대고 뜨거우면 떼었다가 다시 갖다 대면서 반복적으로 계속하는 지열법(知熱法)이다. 매회 10~15분 행한다. 그리고 또한 머리핀의 뾰족한 쪽으로 자극을 주어 압통감을 느끼면 떼는 방법으로 매 10회 반복 자극을 준다. 매일 자극을 계속 주면 결국 빈뇨증이 개선된다. 그리고 반대쪽 손으로 제5지 발가락을 쥐고 인지(人指) 손가락 끝으로 양 혈점에 바꿔가면서 자극을 가하여도 좋다.

야뇨증 夜尿症

행간(行間)

⬤ 취혈(取穴)

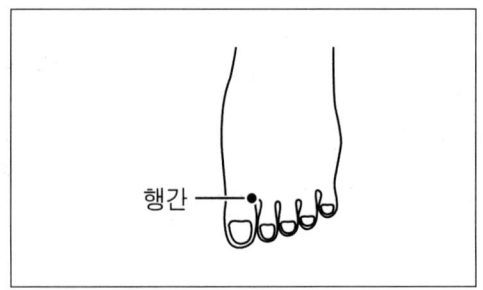

행간혈(行間穴)은 엄지발가락과 둘째 발가락의 갈라지는 곳이 혈점이다. 이 혈점은 요도염, 고환염 등 특히 야뇨증에 주치혈이며 또한 특효혈이다. 누르면 압통감을 느낀다.

● 주혈(主穴)의 자극법

이쑤시개 5개를 묶어 뾰족한 쪽으로 압통감을 느낄 만큼 3초간 10회 반복 자극을 가한다. 가능하면 취침 전에 자극을 준다. 그리고 매일 3회 계속 행한다면 야뇨증 증세가 점차 줄어든다.

다리·발가락의 부종, 저림

팔풍(八風)

● 취혈(取穴)

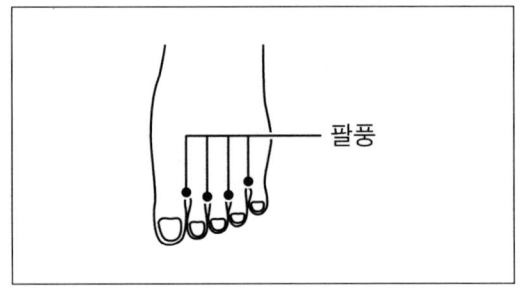

팔풍

　팔풍혈(八風穴)은 발의 제1~5지까지의 발가락이 갈라 지는 곳이 혈점들이다. 이 혈은 발의 5지 사이에 4개 좌 우 합해서 8개 부분이다. 이 혈은 주로 제반 족지(足指) 질환의 주치혈이며 각기병(脚氣病) 또는 다리부종(浮 腫), 다리 혹은 발가락의 피로나 마비감을 다스리는 특 효혈이다.

● 주혈(主穴)의 자극법

머리핀의 둥근 쪽으로 양방 8개 소점에 3초간 반복해서 15분간 자극을 준다. 그리고 혹은 삼능침(三稜針 ; 침술치료에 사용하는 사혈침)이나 바늘로 양방 8개 소점에 점자사혈하는 요법도 효과적이다.

차멀미^{車醉}·눈 어지러움증^{目暈}

중여태(中厲兌)

● 취혈(取穴)

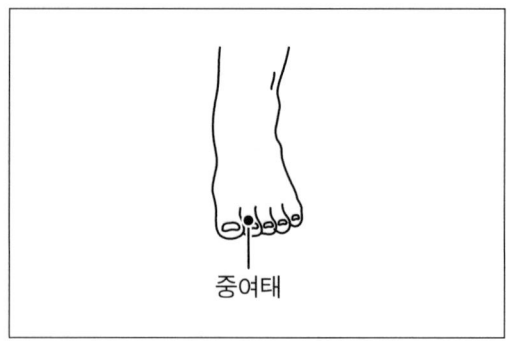

중여태

중여태혈(中厲兌穴)은 발의 제2지과갑각(第二指瓜甲角)의 발톱 중앙점의 혈이다. 이 혈은 예부터 눈 어지러움(目暈)에 특히 널리 알려진 특효혈이다. 평소 눈 어지러움증이 있는 사람은 손끝으로 눌러 통증이 느껴지도록이 혈점에 엄지와 검지(人指)의 양손 끝으로 지압 자극을 준다. 반복해서 누르고 비비며, 또는 양손 2지와 3지사이에 끼고 잡아 훑어 빼며 반복해서 계속 자극을 준다.

● 주혈(主穴)의 자극법

　이렇듯 자극을 주면 눈 어지러움증이 해소될 뿐만 아니라 눈 어지러움증이 일어나지 않게 된다. 그리고 또한 시구(施灸)를 행하는 것도 효과적이다. 온열구법으로 반미립 크기의 쑥뜸을 6~7회 반복해서 행한다(뜸자국이 생기지 않도록 한다). 이밖에 차멀미나 상기(흥분), 자율신경실조증에서 오는 두통, 다리와 허리가 냉한 데도 잘 듣는 유효한 혈이다.

생식기生殖器의 통증·경련

대돈(大敦)

● 취혈(取穴)

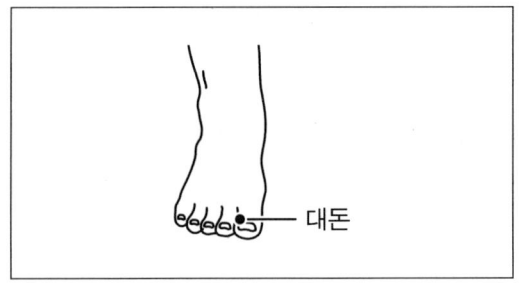

대돈혈(大敦穴)은 발의 제1지 외측과갑각에서 후방 2mm에 있는 혈이다. 이 경혈은 주로 요도염, 고환염, 외음부소양, 음경(생식기)의 갑작스런 경련이나 통증, 자궁출혈 등에 주치혈이며 복부의 선통, 히스테리의 발작 등에도 유효한 혈이다.

🔵 주혈(主穴)의 자극법

이 혈은 갑작스런 생식기의 경련이 나, 통증, 요도증 등의 경우에 바늘 혹은 삼능침으로 점자사혈한다. 그리고 온열구로 반미립의 쑥뜸을 행한다. 뜨거운 것을 느끼면 재빨리 떼어버리며, 반복 6회 계속 행한다(뜸 자국이 생기지 않도록 한다). 이밖에 인지선(人指先)으로 혈점에 대고 엄지로 받쳐 쥐고 검지 끝으로 압통감을 느끼도록 10분간 양혈점에 지압 자극을 가한다.

급성위통·소화불량·요붕증^{尿崩症}(다뇨^{多尿})

은백(隱白)

● 취혈(取穴)

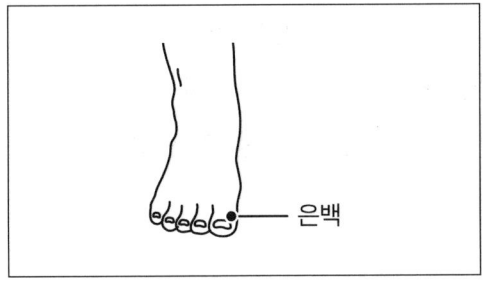

　　은백혈(隱白穴)은 발의 제1지 내측이며 과갑각(爪甲角)
에 후방 2mm 혈이다. 이 경혈은 주로 급성위장염 및 요
붕증(요다증), 월경불순, 자궁경련, 소아야경증의 주치혈
이며 특효혈이다.

🔵 주혈(主穴)의 자극법

이 경혈은 주로 예부터 급성위장염으로 고통스러울 때 응급수단으로 이 혈점에다 바늘 혹은 삼능침으로 사혈을 하였다. 민간요법의 수단으로 이 혈점에다 피를 내기 위하여 옛 선조들이 바늘로 따 주라고 말한 혈이 이 은백혈(隱白穴)이다. 이밖에 소아야 경증으로 인하여 갑자기 놀란 아이의 실신상태의 경우에도 응급 수단으로 이 혈점을 사혈한다.

그리고 또다른 요법인 시구법과 지압자극법에 관하여는 전문에서 설명한 바와 같다.

난산^{難産}·태아의 위치 이상

지음(至陰)

● 취혈(取穴)

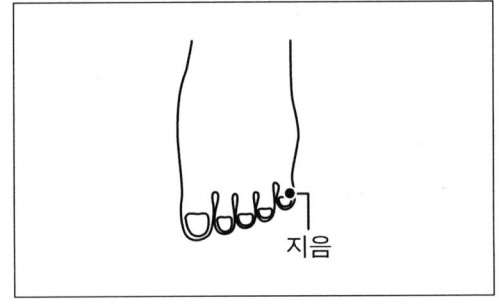

지음

지음혈(至陰穴)은 발의 제5 족지외측(足指外側)의 발톱 끝에서 2mm 떨어져 있다. 이 경혈은 예부터 임산부의 난산이나 태아의 위치 이상을 바로잡아 준다는 유명한 특효혈이다.

🔵 주혈(主穴)의 자극법

애조봉 일명 쑥뜸봉으로 혈점에다 화열을 가깝게 대고 뜨거우면 떼었다가 다시 갖다대기를 반복하는 지열법(知熱法)이다. 매회 10~15분 행한다. 그리고 또한 머리핀의 뾰족한 쪽으로 압통감을 느끼면 떼고, 매회 반복해서 자극을 준다.

🔵 비고

정상적인 임산부에게는 절대 사용하지 말 것.

제2천생족(第二泉生足)

⬤ 취혈(取穴)

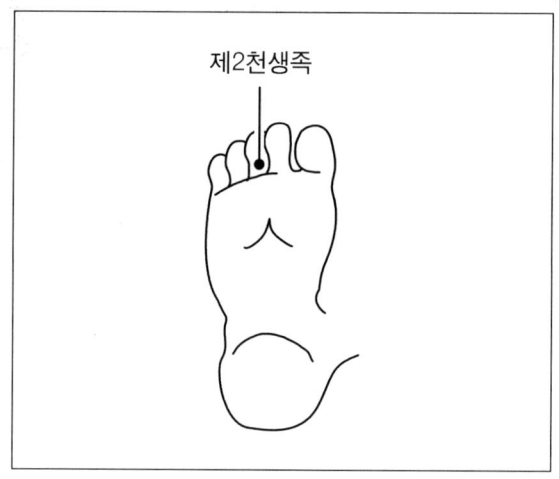

제2천생족

제2천생족혈(第二泉生足穴)은 발의 제3지의 발바닥에
서 첫째 관절 밑의 중간점이 좌우 발의 혈전이다. 이 혈
은 심장병 또는 어떠한 질환으로 맥박이 부조맥(不調脈)
한 사람이 이 혈점을 엄지 손끝으로 누르면 압통감을 느
낀다. 평소 이 혈점에다 반대측 양쪽 검지손 끝으로 압통

감이 느껴지도록 누르고 문지르며 자극을 가한다.

🔘 주혈(主穴)의 자극법

양 혈점을 눌러 보아 압통감이
심한 측부터 지압자극을 준다. 그
리고 매일 3회 반복하여 양측혈에
10분간 계속 지압 자극을 주면 부
정맥(不整脈)의 증상을 점차 개선
시키는 데 유효한 혈이다.

머리의 열증熱症·상혈上血

용천(湧泉)

● 취혈(取穴)

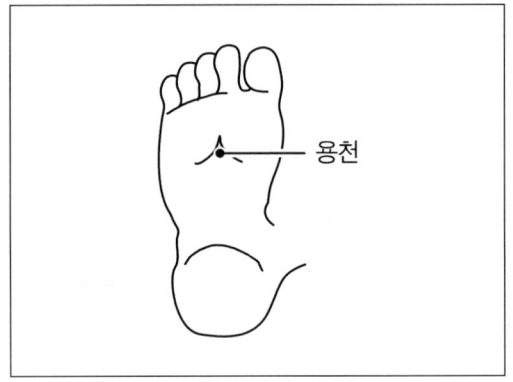

용천

용천혈(湧泉穴)은 발바닥의 인자형 한 가운데 오목하
게 들어 간 곳이다. 이 혈은 예부터 침을 놓으면 죽은 송
장도 벌떡 일어난다는 명혈이다. 그리고 특히 이 혈은 의
식장애(쇼크), 질식 등의 구급에 쓰이는 경혈이며 또한
이 혈은 수족냉증, 불임증, 고혈압, 신장병 등에 주치혈이
며, 고혈압으로 인한 머리의 어지러운 증세, 머리의 열증,

충혈을 아래로 내리게 하는데 잘 쓰이는 효혈(效穴)이다. 여기에서는 실신, 의식장애, 질식 등에 쓰이는 구급혈의 주제로 하였으나, 이외에 질병은 해당된 병증에 따라 활용할 것.

● 주혈(主穴)의 자극법

시구법(施灸法)으로 미립의 쑥뜸을 6~7회 뜬다. 뜸자국이 생기지 않도록 하여 뜨겁다 느끼면 떼어버리는 방법으로 반복 행한다. 또는 애조봉(艾條棒) 일명 쑥뜸봉 사용법은 전문의 지음혈(至陰穴)을 참조할 것. 그리고 이밖에 용법은 타기봉(안마용)으로 이 혈점에다 몇 십 회씩 반복하며 자극을 준다. 그리고 뾰족하게 튀어나온 발바닥 매트(방석)를 사용하여 매일 한 번씩 걸으며 자극을 주는 것도 유효하다.

발바닥의 열증

족심구(足心區)

● 취혈(取穴)

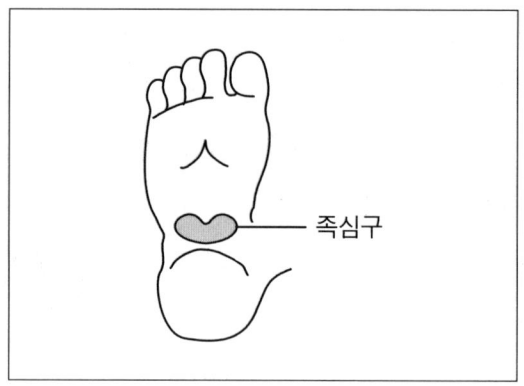

족심구

발바닥의 중심에서 약 2cm 떨어진 움푹 들어간 부분이 족심구혈(足心區穴)이다. 이 혈점은 발바닥의 달아오르는 염증을 해소시키는 데 유효하다. 이 부위 점을 손끝으로 누르면 압통감을 못 느낀다.

● 주혈(主穴)의 자극법

발바닥이 화끈 달아오를 때 목욕탕
의 샤워기와 냉수로 양쪽 혈구(穴區)
부위를 몇 분간 냉각시킨다. 그리고
안마용 타봉기의 뾰족하게 튀어나온
쪽으로 좌우 몇 분간씩 때려 자극을
준다. 또는 뾰족하게 튀어나온 매트
(발바닥의 자극용 매트)를 이용하던
가 대나무통을 밟고 굴리는 운동 등
도 효과적이다. 하루에 3회 계속 반복
하여 꾸준히 행한다.

육체적 피로

심포구(心包區)

● 취혈(取穴)

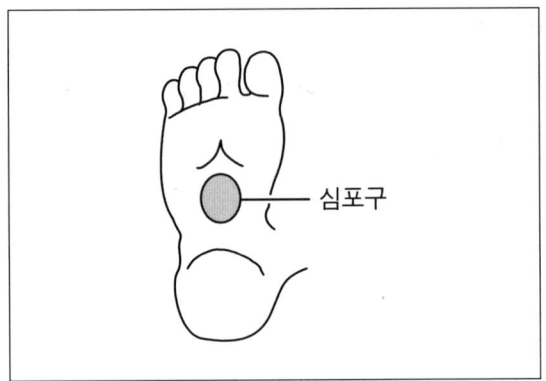

심포구

심포구혈(心包區穴)은 발바닥의 중심에서 약 3cm 떨어진 둥근 부위 선내가 구혈점이다. 그리고 특히 전신의 육체적 피로를 해소시켜 주는 가장 효과적인 구혈이다.

● 주혈(主穴)의 자극법

안마용 봉(棒)으로 몇 분간 100회 정도 템포에 맞춰 좌우발을 쳐준다. 또는 위에 족심구에서 언급한 대로 발바닥 자극 매트나 대나무통 등을 사용하는 것도 효과적이며 매일 3회 꾸준히 반복하여 행한다.

급성위장염(급체)·식중독

이내정(裏內庭)

🔵 취혈(取穴)

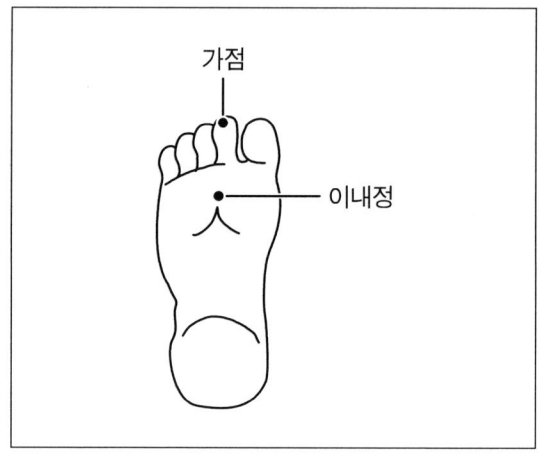

이내정혈(裏內庭穴)은 발의 제2지(둘째 발가락)를 밑으로 구부려 발끝이 닿는 곳이다. 이 혈은 급성위장염(급체)이나 식중독으로 인한 복통, 설사 등에 예부터 유명한 특효혈로서 옛 사람들로부터 이 혈은 복통의 명구(名灸)혈이라고 불려왔다.

보통 이 혈에다 시구(施灸 ; 뜸)를 하면 대단히 열감을 느끼지만, 먹은 음식으로 인해 갑자기 소화불량 등으로 심한 복통과 설사를 할 경우에는 이 혈에다 뜸을 뜨더라도 뜨거운 열감을 느끼지 못한다. 일명 혈구7장(穴灸七壯)이라 하여 쑥뜸을 반복하여 시구를 하다가 체질에 따라 5장에서 7장 사이에서 시구혈에 뜨거운 강한 열감을 느끼게 되는데, 이때 비로소 심한 복통이나 설사가 멈추어 버리게 되므로 무엇이라 말할 수 없는 불가사의한 명구혈이라 아니할 수 없다.

주혈(主穴)의 자극법

이 혈의 자극용법은 단지 시구만이 효과적이며, 다른 방법은 사용하지 않는다. 뜸의 한 장의 크기는 쌀알만한 크기로 하며, 5~7장 정도에서 이내정혈에 강한 열감을 느끼면 바로 제거한다.

비고

이 이내정혈의 사용법을 숙지하고 있으면 자신과 주위 사람들을 위하여 급성위장병(급체)으로 고통당하는 사람에게 구급치료로서 유용하게 이용할 수가 있으리라 생각된다. 전문(가정요법의 의의)을 참조.

급성증상의 흉통^{胸痛}·기절^{氣絶}

소충(少衝)

⬤ 취혈(取穴)

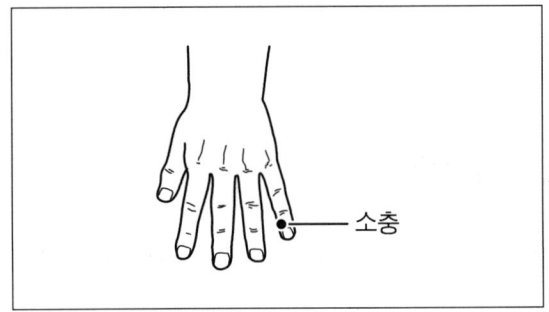

소충

　손의 소지측과갑각(小指側瓜甲角)에서 1mm 떨어진 곳에 있다. 이 소충혈(少衝穴)은 심경(心經)의 정혈로서 심장질환 및 뇌출혈, 고혈압, 정신과질환, 의식장애 등을 주로 다스리는 주치혈이며, 특히 심장질환의 협심증 및 흉통, 기절 등에 예부터 구급혈로 널리 알려진 명혈이다.

● 주혈(主穴)의 자극법

위에서 언급한 흉통이나 협심증, 기절 등의 발작 때 이 혈점에 사혈을 한다. 반대측 손으로 이 혈점에다 피를 낸다. 심한 증상이면 좌우 혈에다 사혈을 가하는 것이 유효하다. 무엇보다도 이 경혈은 급성증상의 구급처치 때 효과적인 사혈 방법이다.

● 비고

심장질환이나 고혈압 등의 증상을 앓고 있는 사람은 급성 증상의 구급조치를 위한 사혈침(일명 삼능침 三陵針)을 평소 준비해 가지고 다닐 것을 권한다. 위급할 때 구급수단으로 큰 도움이 될 것이다. 오래 전에 일본 한방전문의학서에서 이 소충혈(少衝穴)에 대한 발표문을 읽은 기사를 여기에 소개하겠다. 이 의서에 의하면 심장질환 및 고혈압 뇌출혈 등의 급성증상으로 신음하는 환자를 구급용법인 이 경혈에다 사혈을 가하여 소생시켰다는 보고이다. 페니실린 주사를 맞은 환자가 갑자기 쇼크로 쓰러져 혼수상태에 빠졌다. 그때 주위 사람들은 어찌할 바를 모르고 당황하고 있었는데 오구신(奧津) 의사가 페니실린 쇼크 환자에게 바로 소충혈(少衝穴)에다 시혈을 가하였더니 5분만에 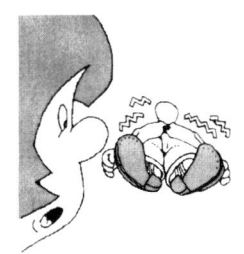 환자의 정신이 돌아왔다고 한다. 결국 소충혈은 페니실린 주사 쇼크로 기절해 버린 환자도 거뜬히 고쳤다는 명혈이다. 끝으로 오구신(奧津) 의사는 원래 양의이지만 동양의학을 전공한 침구학자이다.

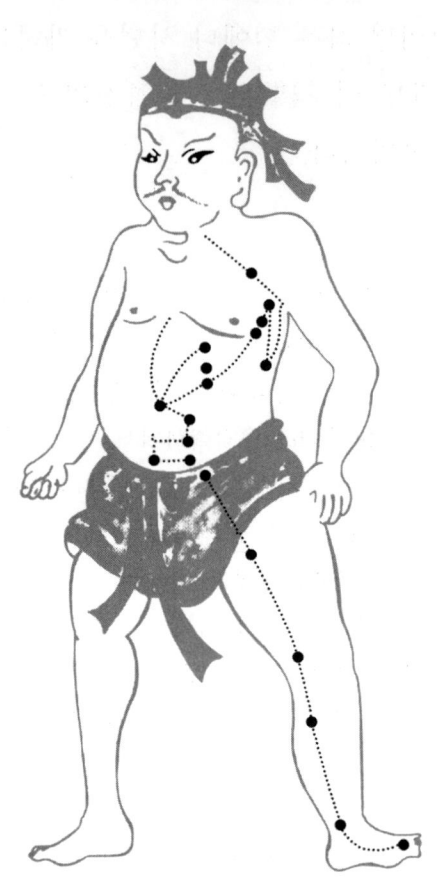

CHAPTER

3

소아(유아)의 병

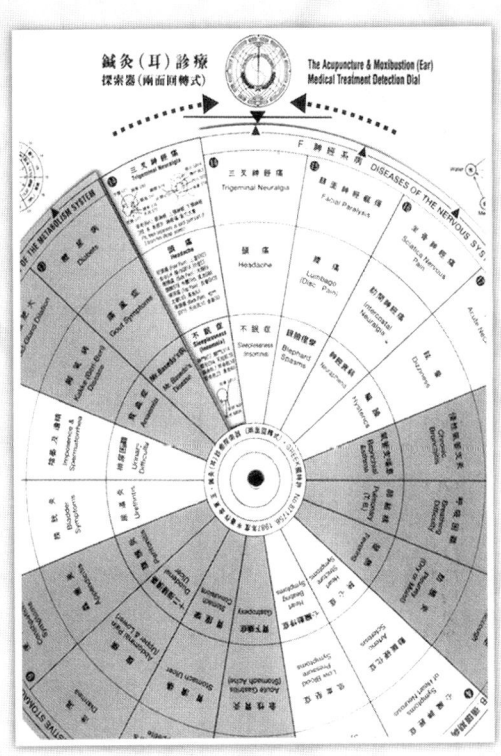

신생아의 토유^{吐乳}

신주(身柱)·격유(膈兪)

● 취혈(取穴)

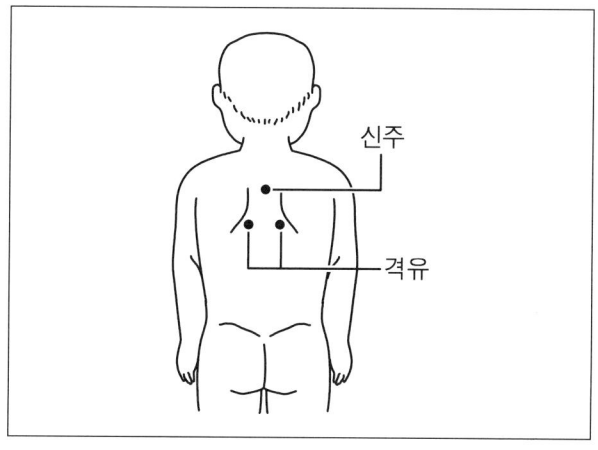

신주혈(身柱穴)은 머리를 숙여서 가장 크게 튀어나오는 목뼈(제7경추)에서 아래로 3번 척추와 4번 척추 사이(흉추 3~4사이간)의 혈점이다. 이 혈은 소아의 질병을 전반적으로 다스리는 주치혈이며, 예부터 소아의 명구혈로서 유명한 특효혈이다. 격유혈(膈兪穴)은 흉추 7~8의 사이에 좌우 2mm 떨어진 위치 점에 있는 혈이다. 이 혈은 특히 위장병, 식도협착, 만성위염 등에 주치혈로서 쓰인다.

● 주혈(主穴)의 자극법

평상시 유아가 위장장애로 인한 병적인 것이 아니고 젖을 먹은 후 자주 젖을 토하는 경우, 첫째로 유아를 일으켜서 무릎에 앉혀 왼팔로 잡고 오른팔의 손바닥으로 아기 등의 신주(身柱)혈에서부터 아래로 허리 부분까지 여러 차례 문질러 주면, 보통 유아는 '꾹'하고 트림소리를 낸다. 이 요법은 유아의 소화촉진을 위하여 예부터 내려오는 최선의 민간요법이다. 둘째로, 그림의 좌우 격유혈(膈兪穴)에다 피부가 빨갛게 될 정도로 지열자극을 가한다. 유아의 등에 좌우 격유혈을 표시하여 놓고 뜨겁다고 생각되면 떼는 방법을 사용한다. 지열 구법(知熱灸法)에 관하여는 전문을 참조하기 바람.

● 비고

침구요법상 특히 소아용의 침 사용법은 직접 침을 찌르는 것이 아니며 시중에서 구입할 수 있는 호침(毫針)을 그림처럼 엄지손가락과 인지손가락으로 가벼이 쥐고 침 끝으로 치료 혈점의 피부 위에 가볍게 찔러 피부 부위가 빨갛게 되는 정도로 자극하여 끝낸다. 이것은 침을 피부 안으로 찌르는 것이 아니기 때문에 통증이 거의 없고, 위험성 또한 없으며 안전한 피부침 사용법이다.

소아의 천식^{喘息}

신주(身柱)·폐유(肺兪)

🔘 취혈(取穴)

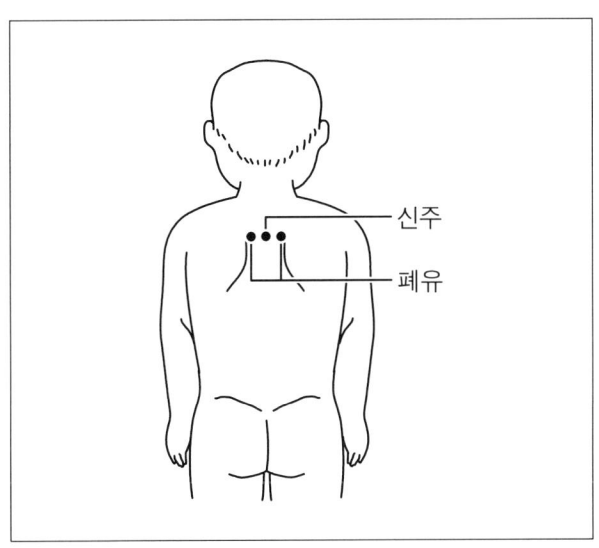

신주

폐유

신주혈에 관한 것은 전문의 229페이지를 참조할 것. 폐유혈(肺兪穴)은 등골의 제3 흉추 밑에서 좌우로 3cm 되는 곳이 경혈이다. 이 경혈은 기관지염, 감기, 인후염, 비염 등의 주치혈이다. 일반적으로 '소아천식'이라고 불리는 것으로는 성인에게 일어나는 기관지 천식 같은 것과 천식성 기관지염 등이 있다. 여기에서 후자가 낫기 쉽다. 그리고 어린 소아천식증에 쑥뜸이나 소아피부침 등을 해주면 성인의 천식보다 속히 낫는다. 다만, 병증상이 무거울 경우에는 계속 끈기 있게 치료를 행한다.

● 주혈(主穴)의 자극법

위에서 언급한 쑥뜸과 소아피부침의 사용법 이외에 소아피부침과 같은 용법이 있다. 여기 그림에서 명시한 혈점 부위의 피부 상에다 '플라스틱' 머리빗이나 머리솔빗의 뾰족한 끝으로 적당히 비벼 긁는다. 이때 피부 부위가 빨갛게 되면 중지한다. 이 방법 또한 치료 혈점에다 중점적으로 피부 자극을 주는 요법으로서 무통하며 위험성이 없으며 누구나 가정에서 할 수 있는 요법이다. 위에 언급한 3가지 '소아피부침'의 요법은 1회 10~15분간 자극요법을 행한다. 처음에는 무서워서 울기도 하지만 점차 익숙해지면 아기는 무관심하게 받아들인다. 대체적으로 '소아피부침법'은 위험이 없기 때문에 아기 어머니는 손쉽게 할 수 있는 요법이다.

비고

어린 소아의 기침이 계속 심할 경우에 위에 언급한 쑥뜸이나 소아 피부침법 등을 준비할 수 없으면 헤어 드라이기의 열풍자극을 위 그림의 등(배부 ; 背部)과 앞가슴부(배꼽 위) 부분에 10~15분간 가한다.

유아의 경풍·경련

백회(百會)·관원(關元)

⬤ 취혈(取穴)

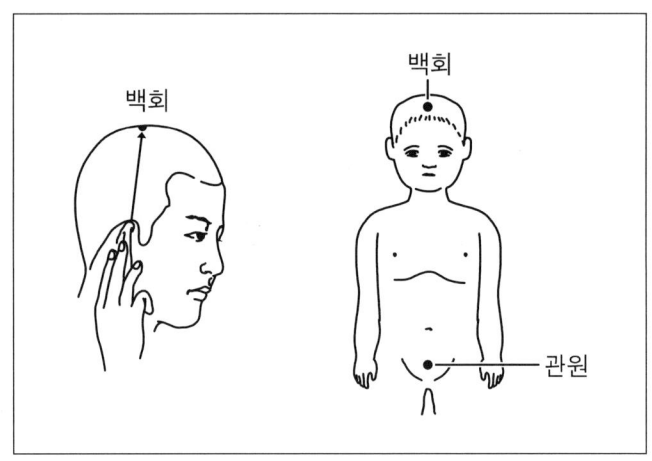

백회혈(百會穴)은 머리 정수리 양쪽 귀의 상당을 연결한 선이 머리의 정중선과 교차하는 곳으로 누르면 말랑한 느낌이 들면서 아프다. 이 혈은 주로 두통, 히스테리, 불면증, 뇌빈혈, 뇌일혈에 주치혈이며, 특히 치질과 탈홍의 특효혈이다.

관원혈(關元穴)은 하복부의 여러 혈 중에서 가장 중요한 경혈이며, 기해혈(氣海穴)과 더불어 각종 질환에 널리 사용한다. 손끝으로 혈점을 누르면 하복부에 뻐근한 압통을 느낀다. 평소 갑자기 어린 아기의 경풍·경련이 발생하면 경험 없는 부모들은 대단히 놀라 당황하게 마련이다. 그것은 아기에게 있어 뇌염이나 뇌막염, 이질 등으로 심한 고열로 발생하는 경풍·경련 등의 증세이다. 아기의 돌연한 발열이나 급체 혹은 설사가 때때로 일어날 때에 경풍·경련이 함께 일어날 수도 있다. 이러한 경우에 발작을 진정시키는 응급요법이다.

◯ 주혈(主穴)의 자극법

이 그림의 혈점에다 쌀알 반미립(半米粒)의 시구를 한다. 각 2혈점에 3회씩 행하면 아기의 발작이 진정된다. 소아(3~5세)에 있어서는 일주일에 2회씩 자택에서 아기 어머니가 2~3개월간 계속 행한다면 이 증세가 일어나기 쉬운 아이의 허약 체질도 개선되며 경련 발작도 없어진다.

◯ 비고
주 2회 계속 몇 달간 요법을 행할 때에는 헤어 드라이기의 열풍자극을 가할 때 관원혈(關元穴)의 부위와 배면(背面)의 신주혈(身柱穴)의 부분의 양쪽에도 열풍자극을 줄 것.

신생아의 코막힘

상성(上星)·신주(身柱)·위영(威靈)

● 취혈(取穴)

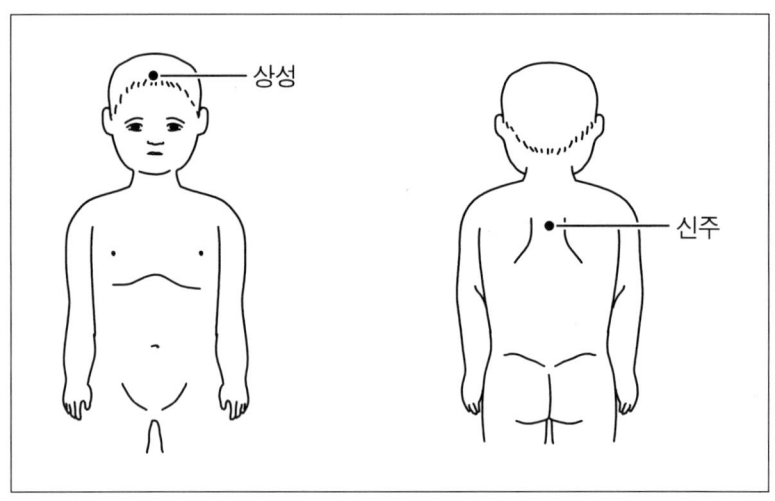

상성혈(上星穴)은 이마 정중선에서 머리털 속으로 약
3cm 올라간 곳이 혈이다. 누르면 부드러운 느낌이 들며
아프다.

신주혈(身柱穴)은 배골(背骨) 제3·4흉추 사이 오목한 곳에 있는 혈이다.

위영혈(威靈穴)은 엄지와 인지 사이를 펴면 양쪽 관절 뼈끝의 밑에 움푹 들어간 곳이 혈이다.

● 주혈(主穴)의 자극법

아기가 감기가 들면 때로는 코가 막혀 우유를 먹을 때 숨이 차서 괴로워한다. 이러한 경우에 상성혈(上星穴)과 신주혈(身柱穴)에 각 2혈점에 3장(3회)의 쌀알 반미립(半米粒)

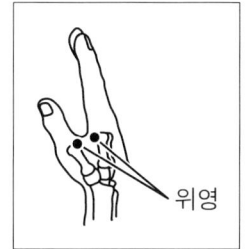

위영

에 시구를 행한다. 온열구로 뜨겁다고 느끼면 즉각 떼어낸다. 또한 지열구법의 사용도 효과적이다(전문의 지열구법에 관한 설명을 참조할 것). 그리고 이밖에 소아피부침의 자극용법도 유익하다. 이 용법은 앞에서 언급한 바와 같이 혈점의 피부 부위가 빨개지면 중지한다. 위영혈(威靈穴)은 엄지손가락과 인지 손가락으로 지압하면서 비벼준다. 이 혈점에 5분 정도 지압 자극을 행한다.

비고

위 3혈점에다 시구법 혹은 소아피부침법, 지압 등이 끝나면 아기의 앞 가슴부위와 뒤 등골의 신주의 혈점 부분에서 목 부분과 허리 쪽까지 헤어 드라이기의 열풍자극을 폭넓게 가한다. 전술한 바와 같이 뜨거우면 떼고 아기의 피부가 빨갛게 되도록 지속하며 중지한다. 이렇게 시료(施療)를 행하는 동안 아기의 코막힘은 물론 감기까지 낫게 된다.

밤에 우는 아이

신주(身柱)·간유(肝兪)·중완(中脘)

🔵 취혈(取穴)

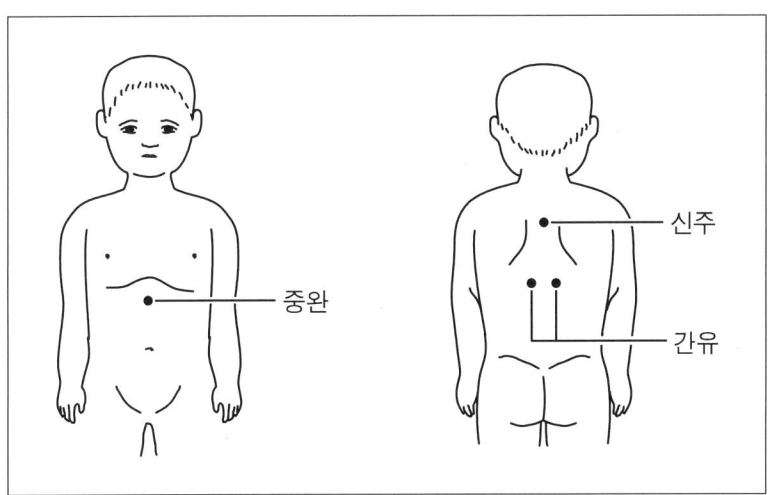

중완

신주

간유

신주혈(身柱穴)은 등의 제3·4흉추 사이의 오목한 혈이다.

간유혈(肝兪穴)은 등의 제9·10흉추 사이에서 좌우로 3cm 되는 혈이다.

중완혈(中脘穴)은 명치와 배꼽의 중간지점의 혈이다.

병적이라고 말할 수 없지만 유아가 낮과 밤이 바뀌어 낮에는 잠을 자고 모든 사람이 잠드는 밤에는 잠을 이루지 못하고 계속 울면서 보채기만 하여 부모의 마음을 안타깝게 하며, 경우에 따라서는 부모도 지쳐서 신경쇠약까지 걸리는 경우도 더러 있다. 이런 야읍아증(夜泣兒症)에 소아피부침(皮膚針)이나 구법 등으로 간단히 울음을 그치게 할 수 있는 가정요법을 소개하겠다.

● 주혈(主穴)의 자극법

위의 3혈점에다 쌀알 반미립(半米粒)의 각 2~3장의 시구를 행한다. 혈점의 피부가 빨갛게 되면 중지한다. 이밖에 3혈점의 부위에 소아피부침 대신 플라스틱 머리핀의 뾰족한 끝으로 혈점 피부가 빨갛게 되도록 가볍게 긁어 문지른다.

● 비고

각 병증별로 그림에 명시한 치료의 혈점을 중심으로 정확한 요법을 행하여야 한다. 다음은 치료요법에 접하여 구법(뜸)이나 소아피부침, 헤어 드라이기의 열풍자극요법 등을 잘 판단하여 시행한다.

소아의 소화불량증

신주(身柱)·비유(脾兪)·중완(中脘)

● 취혈(取穴)

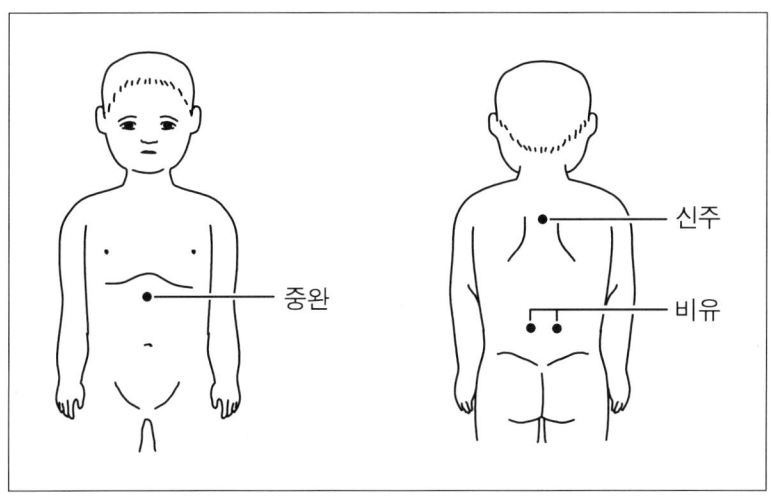

신주혈(身柱穴)은 배골(背骨)의 제3·4흉추 사이의 오목
한 곳에 있는 혈이다.

비유혈(脾兪穴)은 배골의 제11흉추 밑에서 좌우로 3cm
되는 곳이다.

중완혈(中脘穴)은 상위부(上胃部) 일명 명치의 중앙이며 배꼽의 상방 중점에 있다.

● 주혈(主穴)의 자극법

위의 3혈점에다 쌀알 반미립(半米粒)의 각 2~3장(2~3회) 시구한다. 혈점(穴点)의 피부 부위가 빨갛게 되면 중지한다(전문의 온열구법을 참조할 것). 혹은 3혈점의 부위에 소아피부침이나 플라스틱 머리 브러시의 뾰족한 끝으로 혈점의 피부가 빨개지도록 가볍게 긁어 문지르며 자극한다. 무엇보다 첫째 소아의 소화불량증은 위에 언급한 바른 영양 섭취를 통해서 개선시킨다. 그리고 아기의 소화불량이 만성으로 진행하는 상태라면 위에 자극요법 등을 매일 1회씩 몇 주일이고 계속 3혈점에 위의 자극요법을 행한다.

※ 어린 아기에게 설사나 구토가 있을 경우 소화불량증이라고 부른다. 먹은 것이 급체하여 오래 지속되면 병섭이 진행돼서 만성병이 되고 만다. 여기에 소아의 만성소화불량증을 보면 대체적으로 아이에게 인공영양이 잘 되지 않았기 때문에 만성화가 되기 쉽다. 예를 들면 아기에게 단순한 우유만 먹이며 과다한 설탕이 함유된 것을 먹인다던가 또한 아기가 운다고 덮어놓고 우유만 먹이는 불규칙한 습관 등이 아기의 소화불량증을 유발시킨다. 말하자면 설탕량도 줄이고 칼슘제, 생과일즙, 보리차 등 다양하게 영양섭취를 시키는 것이 아이를 튼튼하게 키울 수 있다는 점을 알아두어야 하겠다.

소아의 야뇨증^{夜尿症}

중극(中極)·신유(腎兪)·복류(復溜)

⬤ 취혈(取穴)

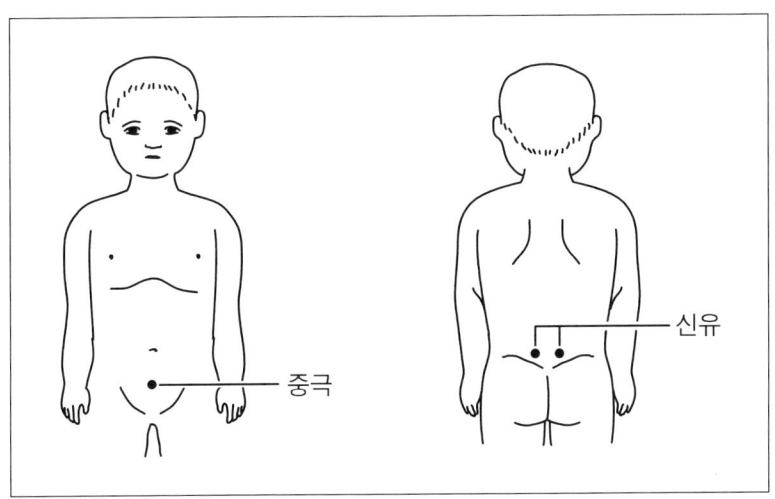

중극혈(中極穴)은 치골부(불두등뼈 상방의 뼈) 바로 위의 중앙지점의 혈이며 곡골혈에서 5mm에 있는 혈이다.

신유혈(腎兪穴)은 배골부 제2 요추 밑에서 좌우 3cm에 있다.

복류혈(復溜穴)은 안쪽 복사뼈 위로 세 손가락 높이에서 약간 뒤로 우묵한 곳의 혈이다.

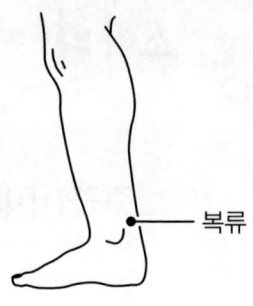

복류

야뇨증(夜尿症) 치료에 있어서 중극혈(中極穴)은 비뇨기·생식기 계통 질환에 널리 사용되는 중요한 혈로서 어린아이 때 일찍 치료하여 주는 것이 바람직하다.

야뇨증은 대체적으로 두 가지 유형으로 나누어 볼 수 있는데, 그 하나는 유아가 신경질적이고 신경이 지나치게 예민한 경우와, 오줌이 방광에 조금 고이면 방광이 수축하여 오줌이 나와도 적절히 조절 못하는 신경이 둔감한 경우이다. 야뇨증은 남아의 경우 성장하면서 자연히 증세가 사라지는 경우가 많지만, 여아의 경우 성장하여 결혼을 하게 되어도 이 증세가 사라지지 않는 경우가 있다.

● 주혈(主穴)의 자극법

위의 3혈점에 쌀알 반미립(半米粒)의 크기로 각 3장을 시구한다. 혈점(穴点)의 피부가 빨갛게 되면 중지하고, 유아의 증상에 따라 매일 1회씩 10일간 계속 구열(灸熱) 자극을 행한다.

● 비고

야뇨증 치료에는 여러 자극요법 중 구(뜸)요법만이 효과적이다.

자가진단법

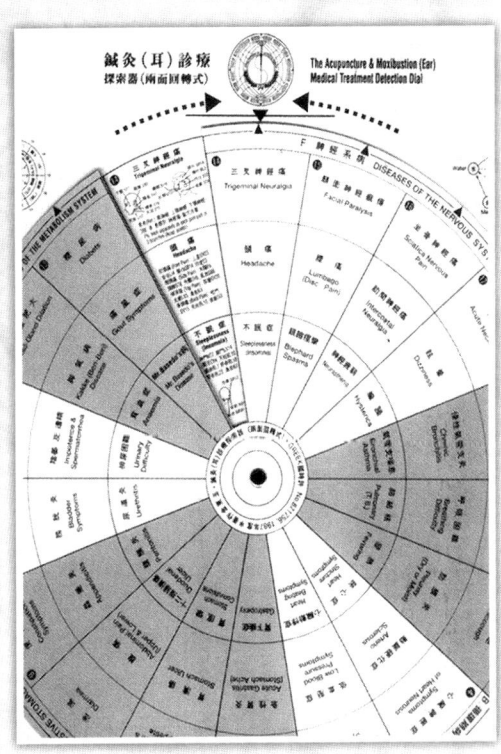

1. 눈으로 판단하는 자가진단법

　　동양 고유의 전통의학의 진단법에 의하면 망진(望診)·문진(聞診)·문진(問診)·절진(切診)의 네 종류가 있다. 이것을 합쳐서 사진법(四診法)이라 한다. 그리고 한방진단법 중에 망진(望診)을 가려 열거하면 진찰하는데 기구를 사용하지 않으며, 한의는 환자와 마주 바라보면서 환자의 현재 상태 및 기력을 관찰하고 측정하여 환자의 병상을 알아본다. 특히 망진법에 있어서는 환자의 피부(皮)·털(毛)·혀(舌)의 색깔을 식별한다. 더 구체적으로 설명한다면 망진에 있어 치술자(治術者)는 시각을 통해서 환자를 진찰하는 시진(視診)으로써 이에 의하여 노련한 치자(治者)는 병자의 영양상태 및 체력, 그리고 안면·피부·점막의 색조 또는 눈·손톱·모발의 상태와 혀의 상태 및 배설물(대소변·가래침) 등에 관하여, 또는 환자의 정신상태와 눈매·표정·언어·동작 등의 상태를 예민하게 진단을 가려내는 것이 사진법 중의 하나인 망진이다. 그리고 망진을 통하여 찾아낸 병증에 대하여 음양오행론(陰陽五行論) 또는 음양오행색체표(陰陽五行色體表)에 입각하여 응용·풀이하여 정확한 병증을 판단하는데, 여기에서 가장 중요시하는 것이 설진(舌診)이다. 설진에 있어서 정상인의 설태(舌苔)는 담홍색이며 습하고, 엷은 백색을 띤 미색(美色)이지만, 병자의 설태는 병증에 따라서 각각 다른 상태로 나타난다. 이렇듯 노련한 의사는 이와 같은 자연의 실마리만 갖고도 정확한 환자의 병을 알아낸다. 그러나 어디까지나 한방의학적인 독특한 질병관에 입각한 이론지식을 보편적인 일면에서 쉽게 판단할 수 있게 일반인 모두가 자가진단을 할 수 있다는 생각에서 이 글을 써 보았다.

한 예를 들자면 예부터 소나 말을 매매하는 상인들은 전문 수의사가 아니더라도 상거래에 있어 보통 먼저 말의 입을 열고 치아와 혀의 상태를 예민하게 살펴보고 말의 건강상태를 측정하였다. 물론 눈매, 피부 등 전체적인 신체상태를 오랜 경험과 체험을 통해서 얻은 노련함으로 감식판단을 한다. 상인은 말의 혀 상태가 붉은 반점이 있다거나, 유난히 황설태(黃舌苔) 등 이상한 혀의 색조에서 병의 유무를 감지하고, 말의 병상태가 사료중독에 의한 위장병인지, 혹은 과로와 영양부족에서 온 열병인지를 시진(視診)을 통해서 가려내었다. 이렇듯 사람이나 동물은 몸속에 병 질환이 생겼을 때 신체상에 병을 경고하듯 반사현상(反射現象)이 나타난다.

이러한 반사현상의 실례를 들어 보면, 지금으로부터 80여 년 전 영국의 의학자 헨리헨드씨와 마켄쥬이씨는 내장이나 그의 조직부분에 이상 병섭이 있을 경우 신경적으로 연결되어 있는 피부와 근육에 신경반사(神經反射)되어 그 부분에 반응형태가 나타난다고 학계에 보고하였다. 또한 이 의학자는 이 반사현상이 나타나는 부분에는 반드시 피부의 지각이 예민해져 이 부분이 아프거나 저리고 쑤시는 진통이 생기며, 몸의 표면에 가까운 근육에 점상(点狀) 및 응고상이나 핏줄의 섬유상 또는 근육이 뻣뻣해지고 응어리 등의 지각과민현상이 나타난다고 하였다. 이러한 내장체표반사론(內臟體表反射論)과 체표내장반사론(體表內臟反射論)에 대하여 오늘날 이를 가리켜 '헨리헨드의 과민대' 또는 '헤드 滯'의 학설이라고 부른다. 이제 몸의 내장기 등에 병 질환이 생겼을 때 신체상에 나타나는 반사현상의 실례를 들어볼 수가 있다.

간암 또는 간질환을 앓고 있는 중환자의 안면과 흉부 등에는 붉은 반구점(半球点)이 나타나는 것을 볼 수 있는데 이러한 반구점을 내장반사현상이라고 부른다. 또 건강한 사람이라도 생선이나 육류 등을 잘못 먹고 식중독을 일으키면 체표면에 피진(皮疹)이나 두드러기 또는 반구점이 나타나는 것도 그 예이다. 그리고 위장의 소화 기능에 이상이 생기면 목구멍이 막힌 것 같고, 가슴이 쓰리며 트림이나 구토증 혹은 식욕부진 등의 증상이 나타난다. 또 만성위장병 환자의 경우 상복부(일명 명치) 부위에 위의 진통이 있게 마련이시만, 대게 위병 환자들은 상복부 바로 등 뒤쪽 부위에 배중(背中) 바로 뒤쪽의 요통이 아프다고 호소한다. 이러한 예는 신장병(腎臟病)의 환자에서도 알 수 있다. 신장(콩팥)이 나쁘면 허리가 아프듯이 병섭에 의한 반사작용이 나타나는 것도 그 예이다. 의사들이 환자들을 접하여 진단할 때 환자의 몸의 여러 부분을 만지고 눌러 보면서 "여기가 아파요?" 또는

"여기는 어떻습니까?"하고 묻는 것은 바로 체표의 압통점에서 내장의 어디에 병의 반응점이 있는지를 찾기 위한 방법인 것이다. 사람들은 가까운 친지인을 오래간만에 만나면 반가운 인사를 서로 나누면서 상대의 얼굴을 먼저 본다. 얼굴 혈색이 좋은지 또는 병색이 있는 얼굴인지를 가려 본다. 그리고 상대의 얼굴이 좋게 보이면 "자네 얼굴이 좋은 것을 보니 재미가 좋은가 보지?" 또는 얼굴이 좋지 않으면 "건강이 좋지 않은가?"하며 흔히 말한다. 이것은 눈으로 상대의 얼굴 표정을 보고 직감적인 판단에서이지만, 여기에 쓰여진 자가진단법은 병원에 가기 전에 자신이나 주위 사람의 병마를 위험한 고비의 병기로부터 조속히 조치하는 데 도움이 되기 위한 것이다. 말하자면 자가진단법을 알고 나면 마치 환자의 반의사가 되듯이 예방치료학적인 면에서나 무서운 병마로부터 자신의 건강 보건을 지키는데 더할 나위 없는 훌륭한 양식서가 될 것이다. 옛말에 의하면, 병에는 여러 사람에게 자신의 병에 관한 소문을 내며 떠들고 다니라 하였다. 그러다 보면 병을 낫게 하는 비방이 생길 것이라고 하였다. 자신의 병은 자신이 관리해야 한다. 의사는 다만 그때그때 전문적인 도움만 줄 뿐이다.

결론적으로 말하자면, 일상생활을 통하여 나이가 들어갈수록 자신의 건강을 순조롭게 지키며, 발병 가능성에 대한 원인과 동기를 파악하고 미리 예견하여 닥쳐온 병마를 자가진단으로 현명하게 조치할 수 있다는 것이 요지이다.

단, 자기진단법은 질병 가능성을 예견하는 것이지 특정 질병을 절대적으로 확신할 수 있는 것은 아니라는 것을 염두에 두기 바람

1) 잇몸 색깔의 이상

건강한 사람의 잇몸은 연한 분홍색을 띠고 있는데 반해, 염증이 있으면 잇몸이 빨간색이 되고, 잇몸이 푸른색을 띠면 심장병이 있다는 징조이다. 그리고 검은색을 띠면 만성 결핵성 및 부신피질장의 아지손병을 뜻한다. 잇몸 색깔이 허옇고 부은 듯하며, 출혈을 수반하면 백혈병과 같은 혈액병과 관련이 있을 수 있으며, 치아 뿌리가 닿는 잇몸부분의 색깔이 짙으면 중금속오염의 가능성이 있다.

2) 눈의 시진(目視診)

평상시의 수면 부족의 경우와 같이 눈 주위가 부석부석한 것은 갑상선이나 신장병 혹은 심장병과 관계가 있다. 눈꺼풀이 처지면서 눈의 동공이 확대되는 경우 폐암의 초기 증세인 것으로 의심해 볼 수 있다. 또는 동공이 붕어눈 같이 튀어 나와 보이면 이것은 심한 신경성 스트레스로 인한 갑상선 병을 뜻한다. 눈의 흰자위가 노랗게 된 경우 황달일 가능성이 있으며, 이유 없이 충혈된 눈은 눈병으로 인한 경우가 아니라면 고혈압이나 관절염을 의심해 볼 수 있다.

3) 손톱의 시진

고운 손톱이란 건강한 손톱을 말하는데 핑크빛을 띠고 윤이 난다. 그리고 건강한 사람의 손톱일수록 밑 부분에 초승달 같은 하얀 부분이 크다. 손톱의 색깔과 모양, 손톱 주변의 상태, 손톱 밑 피부 등에 이상이 생겼을 때는 일단 몸에 어떤 변화가 생겼다는 것을 상기할 필요가 있다.

(1) 손톱 색깔이 흰색으로 변한 경우 간변증 같은 간질환으로 의심할 수가 있다.

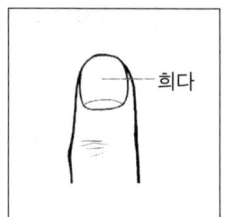

(2) 손톱의 반쪽 끝은 붉고 나머지 반쪽이 흰 경우는 만성신장병을 앓고 있다는 증세라 할 수 있다.

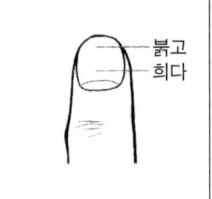

(3) 손톱 색깔이 노랗게 변하는 경우는 폐질환 및 순환기 이상의 증세로 볼 수 있다.

(4) 손톱 밑 피부의 경우는 색깔이 유난히 붉게 변할 경우 심장병과 관계가 있으며 핏기가 없이 하얀 경우는 철분 결핍의 빈혈증 신호일 수 있다.

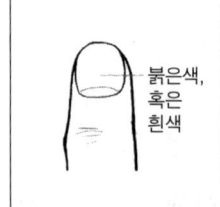

(5) 손톱 밑에 붉은 점이 생기면 건선 병을 의심해야 한다.

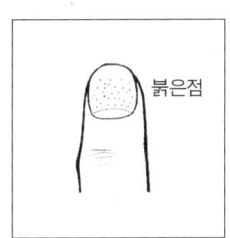

(6) 손톱에 세로줄이 나 있거나 이랑 이 생기는 것은 노화증세로 나타 날 수도 있으나, 유전성 피부 이상 증세나 또는 순환기 질병인 '레이 노드' 증세 또는 신경성과 관련이 있다.

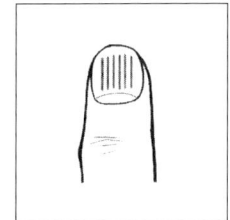

(7) 손톱의 표면이 가로줄이 나 있거 나 이랑이 생겼으면 호흡기병에 잘 나타나는 형상으로 폐결핵을 의심할 수 있다.

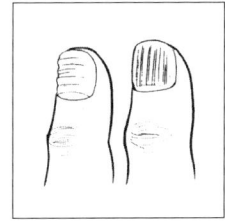

(8) 손톱 등이 손톱의 아래 피부와 분 리되는 것은 갑상선 분비과다가 원인으로 갑상선병을 의심하여야 한다.

(9) 손톱 끝이 들떠 있는 이러한 현상 은 당뇨병 환자에게서 볼 수 있으 며, 당뇨병으로 부적당한 칼로리 섭취와 부적절한 식사로 인한 빈 혈 때문으로 볼 수 있는 현상이다.

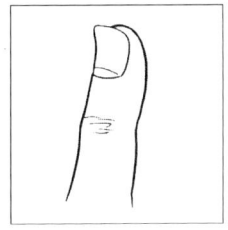

(10) 손톱 끝이 각이 져 있고, 짧으며 손톱눈이 보일까 말까하며 널리 퍼져 있다. 이것은 십이지장궤양의 원인으로 토혈 또는 하혈로 빈혈 십이지장궤양의 증상 상태로 인한 영양 부족일 때 볼 수 있다.

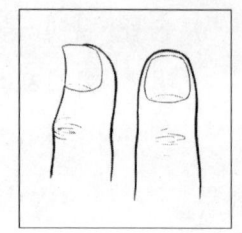

(11) 손톱에 세로 수직선이 나타나고 손톱눈이 넓게 퍼져 있다. 이것은 얼굴이 붉으며 몸이 비대한 고혈압 타입의 사람에게서 볼 수 있는 고혈압증이다.

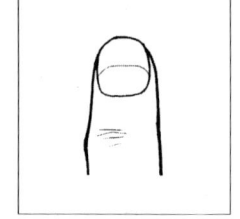

(12) 손톱 색깔이 검은 자색을 띠고 있고, 손가락이 뭉툭하게 생긴 이러한 현상은 장기 심장병환자에게 볼 수 있다.

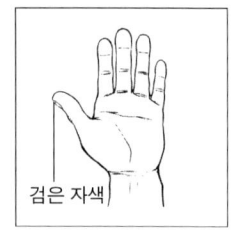

검은 자색

4) 발톱의 시진

(1) 발톱 끝이 치켜 올라가 있으면 영양부족으로 인한 빈혈과 시력 등의 문제가 있다.

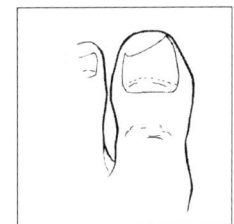

(2) 발톱이 길쭉하고 끝이 말려 있으면 간장과 취장염의 질환을 의심하여야 한다.

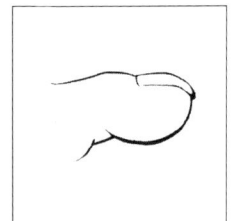

(3) 발톱이 둥근 부채 모양이면 고혈압, 중풍을 조심해야 한다.

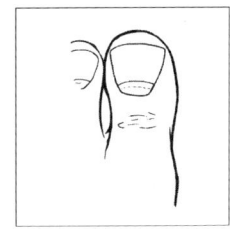

(4) 발톱 색깔이 특히 무좀이 아닌 흰색을 나타내는 것은 노쇠로 인한 칼슘부족 또는 영양부족으로 인한 간장병을 의심하여야 한다.

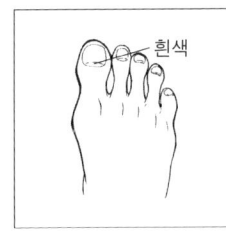

(5) 발톱 색깔이 노랗게 변하는 경우는 폐질환 및 순환기 이상의 증세로 볼 수 있다.

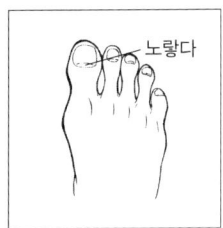

(6) 발가락의 피부색이 때가 낀 것처럼 검게 변한 것은 장기 심장병 또는 폐질환을 의심하여야 한다.

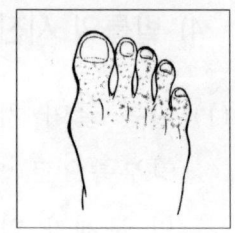

(7) 발가락이 호리병 모양이면 위장이나 취장병을 의심하여야 한다.

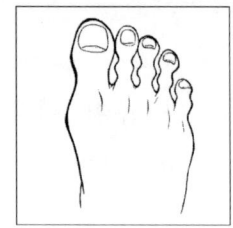

5) 머리카락 및 체모의 시진

(1) 머리카락이 거칠고 갑자기 끝이 부스러지며 건조해지거나 눈썹이 바깥쪽 부분 숱이 적어진다던가 겨드랑이 털이 적어지는 것은 갑상선 분비기능의 활동 저하와 관계가 깊다. 이것은 계속되는 정신적 피로와 신경성에서 온 증세이다.

(2) 위의 반대로 머리카락 등에 지나치게 기름기가 흐르면 갑상선 분비의 과다를 의심할 것. 이 또한 신경성과 관계가 있다.

(3) 남성의 경우에 있어 머리숱이나 기타 체모가 적어지면 간경변증(肝硬變症) 또는 간 질환과 관련이 있을 수 있다.

(4) 여성의 경우에 있어 얼굴 피부에 지나치게 털이 많아지면 난소(卵巢)와 부신선(副腎腺)의 이상에 대한 경고라고 할 수 있다.

6) 피부의 시진

우리 몸의 피부는 건강상태의 변화를 알리는 신호등 역할을 한다. 음식을 잘못 먹으면 몸에 붉은 반점이나 두드러기가 나타나며, 또는 간의 기능이 나쁠 때 황달이 나타나는 것도 그 중 하나이다. 건강한 피부는 무병하다는 말과 같다.

(1) 피부가 갑자기 건조해지거나 반대로 습해지면 이는 갑상선 분비의 부족이나 과다하면 정신신경성 질환과 관계가 있다.

(2) 손가락으로 피부를 눌렀을 때 누른 자리가 곧 원상으로 되돌아오지 않는 경우 부종의 신호로 볼 수 있고, 울혈성 심장병이나 임파선 병에 관계되는 병으로 의심해 볼 수 있다.

(3) 피부가 노란색을 띠게 되면 황달, 간장염, 췌장염, 담낭이상을 의심할 수 있다. 또한 손바닥과 발바닥만 노란 경우에는 '케로틴' 색소의 과다로 인한 증세일 수가 있다.

(4) 몸에 푸른 기가 도는 피부는 혈액의 산소 부족으로 인한 청색증 관계가 있으며 이마와 얼굴, 목 등에 검은 반점이 생기면서 검은 피부는 부신(副腎)기능의 활동 저하로 인한 '에디슨씨 병'과 관련이 있다.

(5) 발의 색깔이 푸른 자주색을 띠는 경우 동맥경화 또는 동맥 질환을 의심할 수 있다.

(6) 창백한 얼굴의 피부나 입술, 손바닥이 그러한 경우는 영양실조증이나 빈혈과 관계가 있다.

(7) 붉은 피부는 만성적인 알코올 중독증이나 간질환, 고혈압 또는 심장병 증세를 의심할 수 있다.

7) 설진법(舌診法)

(1) 정상인의 혀의 상태는 일반적으로 인체의 기와 혈의 순환이 순조롭고, 음양의 균형이 잘 조정된 상태를 말한다. 이를 가리켜 동양의학에서는 건강인이라 말한다. 이러한 정상 건강인의 설상(舌狀)은 아주 엷은 엷백 및 선홍색을 띠고 있다.

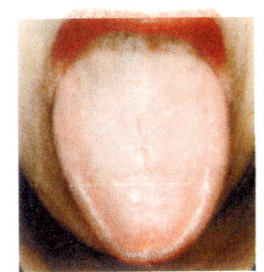

(2) 설태가 가장 황색인 것은 발열 상태이며, 폐·간염의 병이 진행하고 있다는 병상이다.

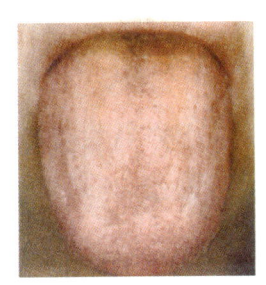

(3) 설태가 마치 돌비누처럼 녹아서 지저분하게 백태가 끼어 있으면, 습사(濕邪)가 몸속에 있는 상태이다. 이것은 심한 소화불량과 위장병의 병상이다.

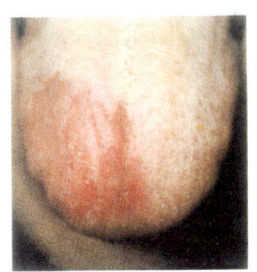

(4) 혀의 색깔에 푸른기나 또는 청자색이 돌면, 선천성 심장병이나 혈성 심장병, 또는 심장 협심증 병에 관계가 있다.

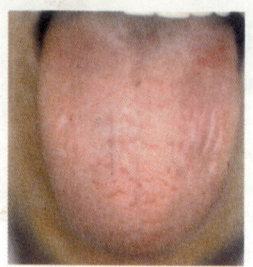 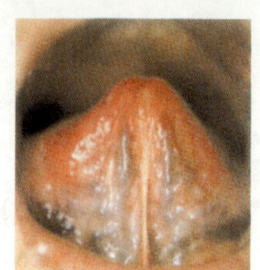

(5) 설면(舌面)을 보면 혀가 두터워지고, 두꺼운 백태의 혀에 붉은 홍반점을 볼 수 있다. 이 홍반점은 심(心)·간(肝)의 화(火)에서 발생한 증상으로 머리가 어찔하며, 화를 잘 내며, 두통, 불면, 식욕부진 등으로 몹시 시달림을 받는다는 것을 나타낸다. 이것은 정신 스트레스에 의한 것으로서, 가정 또는 직장의 생활의 트러블에서 온 심화병이라 본다. 이러한 신경성 병이 계속되면 신장병 또는 간장염을 의심할 수 있다.

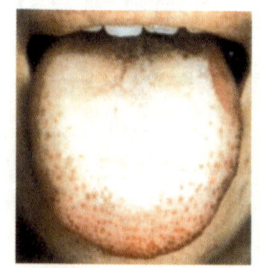

(6) 두터운 혀의 설면에 백태가 엷게 끼어 있는데다, 혓바닥 살점의 일부가 떨어지고, 혀의 가장자리 모양이 고르지 못하다. 이러한 설면은 위장병에 관계가 있다.

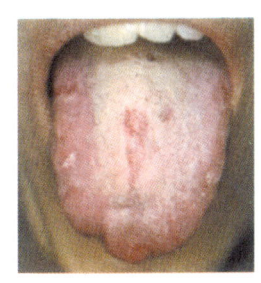

(7) 여기 설면을 보면, 초황태(焦黃苔), 회태(灰苔), 흑태(黑苔) 등이다. 한방의학에서는 회태에서 흑태로 변하면 돌이킬 수 없는 위험한 중병이 진행하고 있다고 한다. 이러한 흑태가 형성되면

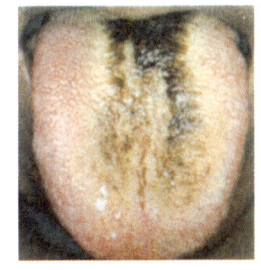

다음과 같은 병상이다. 급성 황농성 감염 및 폐혈증, 급성담낭염, 급성 취장염, 심맹염, 간경변의 복수, 백혈병, 폐렴, 폐암, 간암, 위암 등에서 볼 수 있다는 병상이다.

(8) 다음 혀의 상태를 살펴보면 두터운 백설태에 굵게 빈열선으로 갈라져 있다. 이러한 설상은 주로 위궤양에 속하는 병상이다. 일설에 의하면 이 환자는 심한 복통으로 고생하다 모대학 부속 병원

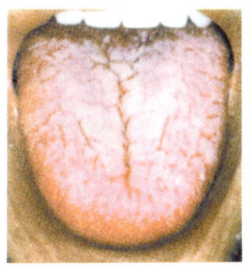

에서 내시경 검사를 받았다. 내과의사는 이렇게 큰 위궤양은 처음 보았다는 정도로 심한 위궤양의 증상이었다.

(9) 다음 설상은 비장이 쇠약하여 부진하기 때문에 인체의 수분대사를 조절하는 데 순조롭지 못하여 비장의 제수 기능이 저하되어 기력마저 부진하다. 이러한 혀의 상태를 한 사람은 전신의 피로

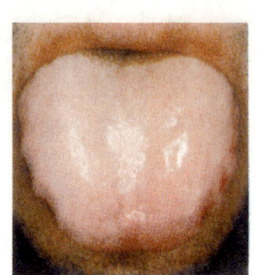

또는 정신적으로 피로하고, 머리가 어찔하고, 위 활동이 좋지 않아 소화가 안 되며, 수족이 냉하고 설사를 동반하며 감기에 잘 걸리고, 따뜻한 것을 좋아하는 증상이다. 병상으로 보아 비장과 위장병 환자에게 관계가 있다.

(10) 혓바닥에 백태가 부패한데다가 회백색 또는 청자색으로 부착되어 있으며, 이러한 설상은 간장병 또는 신장염 등에 관계가 있다.

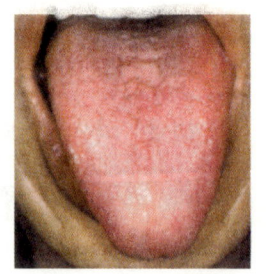

(출처 : 설진입문교본전사본)

질병의 원인과 체질의 변화

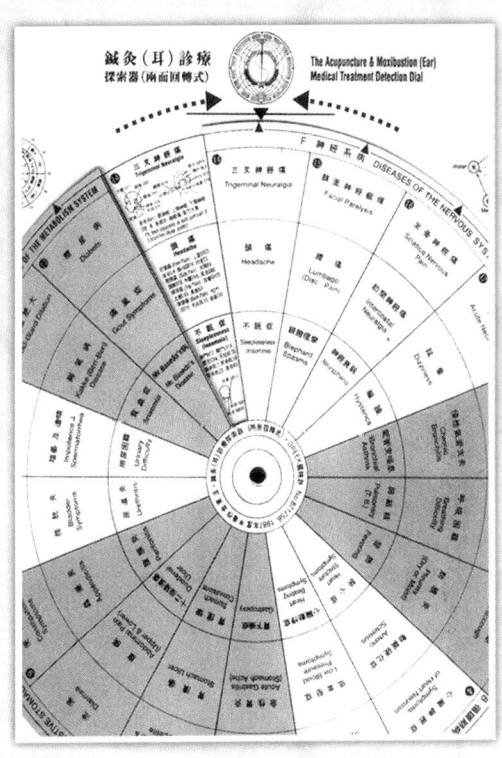

1. 연령에 의한 질병과 체질의 변화

옛 한방학자들은 천지만물의 온갖 생물들이 대우주의 자연법칙에 따라 변화하듯, 인간의 체질과 질병 또한 연륜에 따라 변한다고 보았다.

이에 따라 체질이 변하기 쉬운 연령과 연륜이 변화하는 과정에서 가장 큰 병에 걸리기 쉬운 연령에 관한 변화상태에 대하여 易理學的으로 다음과 같이 풀이하고 있다.

즉 1세, 3세, 5세, 7세, 13세, 29세, 33세, 43세, 59세, 63세, 69세, 73세, 79세 등 연령을 시기별로 구분하여 그 변화론을 살펴본다.

1세(돌)가 지나면 모친에게서 모유를 통해 받아오던 면역이 끝나는 시기이다.

3세·5세·7세 때에는 건강하게 잘 자라던 아이가 돌연히 병이 난다든가, 이와 반대로 허약하던 아이가 갑자기 건강해지거나 하는 나이다.

따라서 1세·3세·5세·7세의 연령까지 지병(持病)이 있던 아이들은 가능한 한 미리 체질개선(體質改善)을 시켜 놓아야 한다.

혹 이 시기를 놓치더라도 여자 아이는 생리가 시작되는 전후인 13세, 남자 아이는 변성(變聲) 및 사춘기(思春期)에 접어들기 전후경까지는 신병치료(身病治療)를 해

놓아야 하며, 또 체질의 탈피원인(脫皮原因)이 무엇인지에 대해서도 알아보아야 한다.

예컨대, 알레르기(Allergie)性 질환(鼻炎·喘息·濕疹)류의 질병이 있을 경우, 만일 체질개선의 시기를 놓치거나 체질개선을 해 놓지 못한 채, 이 아이가 성장하여 성인이 된 후에 결혼을 하여 자식을 갖게 되면 최소한 세 명의 자녀 중 하나 꼴로 친부(親父)와 같은 알레르기性 체질을 유전적으로 이어받게 된다. 이는 '친(親)의 인과(因果)가 자(子)에게 보(報)해지는 것이다.'

또 33세·43세경의 나이에는 대체로 액운(厄運)·액년(厄年)의 시기이다. 이때는 결혼하여 가족을 부양하는 한편, 사회적으로는 조직화된 관리사회에서 혈기만 믿고 치열한 생존경쟁을 벌이는 눈코 뜰 새 없는 생활을 하면서도 전기(轉期)를 맞는 시기이므로, 가장 심신에 사고가 생기기 쉬운 때인 것이다. 그러므로 특히 이 시기에는 건강에 주의하지 않으면 안된다.

33세·43세·53세·63세의 연령은 한평생을 살아가며 가장 체질적으로 변화가 일어나기 쉬운 나이이다.

만일 59세·63세·69세의 나이에 발병을 하게 되면 숙환(宿患)으로 몇 년이고 장기간 병을 앓게 마련이다.

징크스(jinks) 같은 이야기지만, 53세의 나이를 넘기면 60세는 무난히 넘기게 마련이고, 63세의 고개를 넘기면 70세는 쉽게 바라볼 수 있다고 한다.

인간의 육체는 세상에 태어나서 성장하고 노쇠하여 죽을 때까지 점차적으로 체질이 변화하는 것이므로, 한평생 살아가며 병들지 않고 건강하게 지내려면, 특히 이처럼 가장 체질이 변화되기 쉬운 나이에 건강관리를 잘 해두는 것이 중요하다고 생각한다.

물론 위에서 제시한 연령이 현대의학에 의해 학설적으로 증명된 것은 아니나, 옛 선인들의 오랜 경험과 임상(臨床)을 통해 인간의 체질에 가장 변화가 많은 나이를 파악한 것이니, 현대인들도 이를 속설이라고 무시할 것이 아니라 여기에 제시한 나이에 해당하는 사람들은 특히 건강관리와 체질개선에 유념하여야 할 것이다.

2. 계절에 의한 질병과 체질의 변화

동양의학에서는 1년 열두 달의 4계절을 통하여 계절의 변화에 따라 사람의 체질에 영향을 주는 질병과 그 변화 과정에 관하여 다음과 같이 설명하고 있다.

1) 입춘경(立春頃)

2월이 지나 입춘을 맞고 봄이 오면 체질적으로 '알레르기性' 질환이 흔히 나타나 피부가 가려워지고, 습진이 생기며, 비염(鼻炎) 증상 등이 심해진다.

이는 이 시기가 온갖 생물이 소생하는 계절이라 추분절(秋 分節)과 더불어 생물계에 '호르몬' 대사(代謝)가 매우 원활한 시기인 까닭에, 인간도 체질적으로 신체 내의 혈액이 소요하고, 상기(上氣) 또는 상열증(上熱症)이 심해지며, 혈압이 오르고, 특히 치질환자는 출혈하기 쉬우며, 여성은 생리불순으로 괴로워하는 때이기도 하다.

2) 곡우(穀雨) 이후

곡우(4월 20일)경에서 5월경에 이르면 모든 양기가 강해져서 가슴과 머리로 상혈하기 쉽고, 가슴이 뛰거나 눈 어지러움·현기증 등이 일어나는 사람들이 많아진다.

또 혈의 도증(道症)이 좋지 못한 사람이나 신경통 등으로 고생하는 사람은 특히 이 시기에 병세가 악화되는 경향이 있다.

3) 소만(小滿) 이후

소만(5월 21일)경에서 망종(亡種 ; 6월 6일)을 지나 하지(夏至)에 접어드는 이 시기에는 건조성 피부병의 경우, 피부가 윤(潤)해져서 병의 상태가 호전되는 반면, 습성(濕性) 피부병인 무좀이

나 '류마티스' 관절염·신경통·심마증(尋麻症) 등의 질환은 오히려 악화되는 것이 보통이다.

4) 소서(小暑) 이후

소서(7월 7일)와 대서(大暑 ; 7월 23일)경을 지나 처서(處暑 ; 8월 23일) 사이의 시기는 몹시 더운 날씨로 인해 땀을 많이 흘리고 찬 음료수 등을 마시는 관계로 배탈이 나거나, 더위를 먹  곤 한다. 그런 까닭에 민간의 풍습으로 일부 사람들은 아직도 복(伏)날 몸의 '에너지 소모'를 막기 위해 칼로리가 풍부한 보신탕을 들거나, 삼계탕을 먹기도 한다. 한편, 근자에 들어서는 과학문명의 발달과 소득수준의 향상으로 사무실은 물론 가정에까지 에어컨(air conditioner)이 급속도로 보급되어 냉방병(冷房病)이라는 신종 질병이 생겼다. 창문의 폐쇄로 인한 공기오염과 5℃ 이상의 실내외 온도 차이로 인한 감기·배탈·설사는 물론, 여성에게는 여러 부인병을 유발시키기도 하며, 특히 신경통·류마티스 관절염이나 고혈압·천식 등의 질환을 지니고 있는 사람들은 습기와 냉기로 인해 지병이 악화되기도 한다.

5) 백로(白露) 이후

백로(9월 28일)경부터 추분(秋分)을 맞이하는 이 시기의 기후는 조석(朝夕)으로 기온의 변화가 크기 때문에 감기나 비염·천식 등이 잘 생기며, 특히 추분에 생기는 비염은 초봄의 그것과 달리 계속 진행되다 보면 천식으로 이행되는 경우가 많다.

6) 한로(寒露) 이후

한로(10월 8일)경에서 상강(霜降 ; 11월 7일) 사이의 이 시기는 태평양연안 및 주위 바다가 건조해져서 기온도 점차 하강하므로, 이 시기부터 동기(冬期)에 이르기까지 호흡기 계통이 좋지

못한 사람은 공기의 건조로 인해 괴로운 때이기도 하다.

천식은 점점 심해지며 편도선이 약한 사람은 인두통이 나기 쉽고, 치질이 있는 사람은 이 시기에 더욱 악화되기 쉽다.

7) 동지(冬至) 이후

동지달을 맞고 다음 해의 소한(小寒 ; 1월 5일)경부터 대한(大寒 ; 1월 20일) 사이는 일년 중에 가장 추운 계절로서, 특히 순환기 계통의 질환을 앓고 있는 사람들은 각별히 주의를 하지 않으면 안될 시기이다.

또한 이 시기에는 고혈압 혹은 심장병의 발작으로 인하여 심장마비나 뇌일혈·뇌출혈 등으로 인한 졸중(卒中)이 가장 빈번하게 발생하는 계절이다. 그리고 몸이 허약하여 혈도증(血道症)·

냉증(冷症)이 있는 사람에게는 특히 괴로운 계절로서, 추위로 손발의 살갗이 터지거나 피부가 거칠어지고 빨개지기 쉽다.

동상(凍傷)에 걸린 사람에 있어서는 입춘(立春)이 가까워지면서 환부가 더욱 가려워지나, 한편으로는 조금씩 수그러들기 시작한다.

연령에 따른 질병과 체질의 변화의 말미에서도 언급한 바 있다시피, 계절에 따른 질병과 체질의 변화에 관한 설명 역시, 현대의학의 임상적 데이터에 의한 결론이 아니라, 동양의학의 입장에서 예부터 경험적으로 터득한 인류생성의 자연법칙과 천지만물의 생명원리를 바탕으로 한, 말 그대로 소박한 이념적 이론이라 하겠다.

3. 정신신경성(스트레스)에 의한 질병의 원인

1) 개설(槪說)

필자가 오랜 세월 임상치료 (臨床治療)를 해오면서 헤아릴 수 없을 만큼 다종다양(多種多樣)한 환자들을 접하면서 특히 놀란 것은 요즘 현대인들에게는 정신심인성(精神心

因性)에 기인한 정신신경성 질환자가 급격히 늘고 있다는 사실이다.

그런데 이러한 신경성 질환에 있어서는 器質的 또는 機質的 병인(病因)에 의한 일반 질환과는 달리 오늘의 발달한 현대의학으로도 그 직접적인 병인이 무엇인지 병증조치 규명해 내지 못하고 있는 것이 현실인 것이다.

정신신경성 질환의 환자들은 보편적으로 중년층이 그 주류를 이루며, 현대문명이 고도로 발달한 선진국의 현대인들일수록 그 이환율(罹患率)이 높다. 현대인에 있어서 이 무서운 신경성 또는 심인성 질환은 우리 인간의 눈에 보이지 않으면서 심신을 좀 먹어가는 암적 존재라 하겠다.

이것이 고질화되어 결국에는 정신신경성 질환으로 직접적인 병질화가 되어 인간은 평소에 아무 이상 없이 평온한 마음과 감정을 지닌 채 살아가다가 어떤 병이건 즉 내외적으로 심한 정신적 자극이나 감정적 상처를 받았을 때 이를 조속히 해소하지 못하고 심중에 간직하다 보면 이것이 고질화되어 결국에는 정신신경성 질환으로 직접적인 병질화가 되는 것인데, 사람들은 이러한 사실을 모르고 스스로 병을 키워나가는 경우가 대부분이다.

복잡하고 바쁜 사회를 살아가는 현대인에 있어서는 일과시간에 쫓김은 물론 대인관계 등 어떠한 원인에 의해서건 정도의 차이는 있을지언정 정신적 스트레스를 받게 마련이다.

이러한 신경증상은 가정불화나 직장에서의 불쾌감, 인간관계 및 대인관계, 환경의 변화, 감정의 억제, 적대감, 절망감, 불화감, 억제된 분노 또는 고독감 등 여러 감정의 요소가 복합적으로 심중에 쌓이게 되면, 다양한 형태로 나타나게 되는 것이다. 이처럼 개인별로 각양각색의 신경성 혹은 심인성의 여러 요소들이 신경증의 원인이 되는 것이다.

그래서 환자가 병원에 찾아가서 고통을 호소하고 진찰을 받아보아야 신경성이라는 진단만 나올 뿐, 뾰족한 치료방법이 나올 리 만무하고, '안정을 취하라'라는 충고와 함께, 진정제 주사나 약물 투여 처방을 받고 나오는 것이

상례이다.

사실 신경성 질환에는 신통한 치료방법이 없으며, 심인성인 관계로 병명조차 정확하게 정할 수 없을 뿐더러, 뚜렷한 병치점(病治点)도 정하기 어려운 것이 현실이다.

그 까닭은 정신신경성 질환이 장기간 진행되어 고질·만성화되면, 여러 내장기관이 신경으로 연결되어 있는 관계로 이상병변(異常病變)이 생기게 마련이며, 그 외의 조직부분(組織部分)에도 질병이 병발(倂發)된다.

이처럼 인체의 여러 부분에 생긴 질병을 약이나 의료로 동시에 치료하기가 어려움은 두말할 나위도 없으니, 동서의(東西醫)를 막론하고 정신신경성 질환이야말로 가장 까다로운 케이스로 본다.

그러면 오늘날 고도로 발달한 현대의학으로도 정신신경성 질환을 치료하지 못하는 이유는 무엇일가? 그것은 신경성질환에 걸려 병질화(病質化)되면 연관된 다른 器質的 기관의 조직부분에도 병이 병발되기 때문에 장기이식까지 가능한 현대의학조차 손을 대기 어려운 것이다. 말하자면 현대의학은 한 병증에 대하여 눈이면 눈, 위장이면 위장 등 각 전문적 의료수단 방법이 다르기 때문에 한 병증을 다스리는 데 여러 약물 처분을 할 수 없을 뿐 아니라, 한 병증을 치료하는 데 과학적이고, 분석적이며 병을 세분적으로 가려내는 의료수단인 관계로 치료하기 난처한 케이스인 것이다.

그러나 이 질환은 현대를 살아가는 세계의 모든 사람들에게 현실적으로 눈앞에 닥친 심각한 문제이니, 우리 의료인들로서도 어려운 케이스라고 소극적으로 대처만 하고 있을 수는 없는 일이다.

2) 현대의학의 입장에서

정신신경증의 주 병상을 살펴보면, 두통·현운(眩暈)·불면(不眠)·히스테리·노이로제·신경쇠약·우울증·서경(書痙)·견통(肩痛)·삼차신경통(三叉神經痛)·변비증·장조(臟躁) 등이 있다.

필자는 오랜 세월 외국에서 의료활동을 하면서, 중년층의 서양 여성들이 심한 정신신경증에 걸려 가뜩이나 큰 눈이 붕어눈처럼 눈동자가 튀어나오고, 양쪽 목이 부어 있는 갑상선종(甲狀腺腫)이나 더 심한 신경증인 '바세도우' 氏 병이 합병, 발생하여 찾아오는 경우를 많이 대하였다.

이제 정신신경성 질환의 병증에 대하여 자세히 알아보면, 정신신경성 질환의 증세로는 불면·불안·초조·두중두통(頭重頭痛)·우울감·식욕부진이 생기고, 머리가 어찔어찔하며, 쉽게 피로하고, 수족이 차며, 가슴이 뛰고, 손과 다리가 후들 후들 떨리며, 눈 어지러움증이 생기는 등 별별 증상이 다 나타난다.

이 신경성병의 원인을 심신의학적 입장에서 살펴보면,

대체로 가정불화나 인간관계(human relation)의 불안, 직장에서의 누적되는 불쾌감 등을 들 수 있다.

가정불화로 잔뜩 스트레스를 받은 사람이 직장에 나와서도 계속 스트레스를 받는다면 그 사람은 결국 정신신경성증에 걸리게 마련이다.

그런데 신경성병은 성격상 자신감이 결여된 사람, 욕심이 많은 사람, 신경이 과민한 사람, 완전욕이 강한 사람 등과 같이 이른바 신경성질의 사람들에게 많이 걸린다.

이들은 대체로 불평·불만·불쾌·근심·공포·고민·충격·슬픔·격분 등의 심리상태를 스스로 해소시키지 못하고, 감정의 응어리를 계속 키우다가 결국은 무서운 신경성이 만성·고질화되고 만다.

이처럼 신경성 병증은 器質 자체의 변화나 이상에서 오는 증상이 아니다.

의학적인 면에서 보면 사람이 정신적 또는 감정적 트러블 원인에 의하여 충격을 받아 병적 증상으로 진행되면 이러한 정신자극은 척수(脊髓)나 중추(中樞) 또는 뇌수(腦髓)의 자율신경에 나쁘게 반사(反射)되어 순환계(循環系) 및 호르몬腺 기타 신경의 지배를 받고 있는 내장기(內臟器) 등에 변화를 일으키며, 실조상태(失調狀態)에 빠지게 된다.

몹시 흥분한 사람의 안색을 관찰하면 적백색으로 변하는 것을 볼 수 있듯이 정신신경성은 시시각각으로 변하는 것이다.

정신신경성 병적 증상이 심하게 진행되면, 신체의 여러 부분에 동통(疼痛)과 불쾌감이 오고, 지각이상·식욕감퇴·안검(眼瞼 ; 눈꺼풀), 혀(舌) 및 수지(手指) 등에 경련이 생기며, 다뇨(多尿)·변비·구갈(口渴)·불면 등 내장기에 증상이 나타난다.

이 밖의 주요 증상으로는 두통·정신 권태·무력감·냉증·부정맥(不整脈)·생리불순·호흡곤란·성욕감퇴·수족마비·구토 등 실로 다양한 증상이 나타난다.

그런데 만성 정신신경증 질환자들 중에는 치료에 차도가 없음에 실망한 나머지 향정신성의약품을 장기간 과용함으로 인해 습관성 약물중독에 걸려 병을 더욱 악화시키는 경우를 보게 되며, 심한 경우에는 마약중독으로 폐인이 되는 경우까지 있다. 또 어떤 사람은 신병(身病)의 고통을 억제하는 수단으로 매일 음주를 하다 보니 알코올 중독에 빠지기도 한다.

대체적으로 신경성증에 걸리기 쉬운 사람들의 유형이 있는데, 원래 타고난 성질이 화를 내지 않아도 될 일에 화를 잘 내는 사람, 필요 이상으로 남에게 증오심이나 질투를 갖는 사람, 항상 불안해하는 성격의 소유자, 자신감이 없는 사람이나 이와는 반대로 완전욕이 강한 사람, 욕심이 너무 많은 사람, 늘 비판적이고, 불평이 많으며 불필요한 말을 많이 하는 사람, 매사에 신경이 과민한 사람들이 이에 해당한다.

이러한 성격적 결함이 큰 유형의 신경성 환자는 치료가 매우 어렵다. 지속적인 치료로 어느 정도 증상이 가벼워진다고 해도, 본래의 성질을 잃지 않는 한 재발되기 십상이다.

이에 비해 어떤 사인(事因)이나 환경적 변화에 의한 일시적 쇼크나 심한 스트레스로 인한 발병의 경우에는 그 원인만 찾아내면 단기간의 치료로도 큰 효험을 볼 수 있다. 다만, 이러한 경우에도 장기간 방치하여 만성화된 경우에는 치료가 어려워진다.

정신신경성 질환은 심인성(心因性)에 의한 마음의 병인 까닭에, 전문의라 할지라도 환자를 이해하기 어려운 케이스가 태반이며, 현대의학의 진단검사로서도 정확한 병근(病根)을 가려내기 힘들다.

따라서 환자와 의사는 충분한 대화를 통하여 무엇 때문에 정신신경성 질환이 생겼는지 그 원인을 찾아내는 데 끈기를 가지고 협조하여야 한다.

정신신경성 질환은 대개 뜻하지 않은 사인(事因)으로 심한 신경장해를 입게 되면, 심인성에 의한 마음의 상처가 생기는데, 이를 발사하여 해소하지 못하고 마음에 두다 보면 이러한 신경장해 현상이 체질의 기능에 악영향을 끼쳐 결국 병질화되고 마는 것이다.

심인성에 의한 동기로는 매끄럽지 못한 대인관계(고부간의 갈등 등)와 어떤 사인으로 인한 생활변화(모친의 사망으로 새어머니에서 자라게 되는 등) 혹은 성격의 변화(입시 실패 및 실연 등으로 내성적인 성격으로 바뀌는 등)나 감정억제·불평·불만·분노·증오심·고민 등 내적 감정요소의 누적 등을 들 수 있다.

3) 정신분석(精神分析) 이야기

첫번째 이야기

필자는 먼 젊은 시절에 일본의 종교가이자 사회심리학자이며 정신분석학자인 다니구치 마사히루(谷口雅春)가 지은 『精神分析話』라는 책을 감명 깊게 읽은 적이 있다. 그런데 그만 6·25 전쟁때 피난길에 그 책을 분실하고 말았다. 그래서 몇 년 전에 도쿄에 갈 일이 있어 그 책을 구하려고 고서점까지 뒤졌으나 찾지 못하고 돌아왔다. 그 책의 내용을 꼭 인용하고 싶은데 자료가 없으니 기억을 되살려 재구성하는 데 만족하기로 하고 자료를 구하는 대로 개정판에서는 정식으로 인용할 것을 약속드리며 양해를 구하는 바이다.

다니구치(谷口) 선생은 인간의 진실한 건강과 행복을 위해서는 '참된 정신', '바른 마음', '올바른 행동'을 실행하는 길밖에는 없다고 주장하였다.

그는 이러한 캐치프레이즈(catch phrase)를 주제로 전국 방방곡곡을 찾아다니며 일종의 대중 정신계몽운동을 펴 나갔다.

그의 저서에는 다음과 같은 사례가 소개되어 있다.

어느 마을에 혼기를 놓친 과년한 처녀 하루꼬(春子)와 막노동을 하는 술주정뱅이 아버지가 살고 있었다. 그녀의 아버지는 하루도 거르지 않고 술로 고주망태가 되어 밤늦게 돌아와서는 고래고래 소리를 지르며, 닥치는 대로 가구를 때려 부수곤 하는 것이었다. 하루꼬도 처음에는 인생의 낙이 없는 주정뱅이 아버지에게 연민의 정을 느껴 무던히도 이해하려고 애썼지만, 몇 년이나 계속되는 행패에 아버지 때문에 창피해서 밖에도 나가지 못 하는 것은 물론, 시집도 못 가는 자신의 처지를 한탄하며 어느덧 연민이 원망으로 바뀌어 가슴 가득히 아버지를 증오하는 마음을 갖게 되었다.

하루꼬의 아버지도 본디는 선한 사람이었다. 유복한 가정에서 태어나 남부럽지 않게 자라면서 선친으로부터 많은 유산을 물려받아 걱정 없이 살아왔으나, 계속되는 사업의 실패로 가산을 탕진하고, 하루꼬의 아버지는 하루아침에 대 재산가에서 막노동꾼으로 전락하고 말았다. 하루꼬의 어머니마저 울화병과 신병으로 세상을 떠나버리자, 이 때부터 세상을 원망하며 시름을 잊으려 입에 대기 시작한 술이, 단 한시도 술기운이 떨어지면 살 수 없는 알코올 중독자가 되어버리고 만 것이다. 술기운에 한번 소리도 질러보고 가재도구도 던져보았던 것이 이제는 아주 자연스럽게 행패가 몸에 익어 늦은 밤 술주정을 할 때는, 낮에 받은 육체의 피로감과 모멸감을 보상이라도 받아야겠다는 듯이 자못 신명까지 나는 것 같았다.

사정이 이러하니, 어미 없는 가난뱅이에, 술주정뱅이 홀아버지를 모시고 사는 하루꼬에게 혼처가 나타날 리 만무했다. 이제는 하루꼬도 자신의 불행을 아버지의 탓으로 돌리게 되었고, 하루하루를 원망과 증오 속에서 보내게 되었다. 그런데 설상가상이라는 말이 이런 데 쓰이려고 만들어진 것은 아닌지….

어느 날부터인가 하루꼬는 눈병으로 고생을 하기 시작하더니 이것이 깊어져 이제는 안과전문의조차 두 손을 들 지경에 이르고 말았다. 이제 하루꼬의 절망은 갈 데까지 간 것이었다. 불행은 으레 자신의 그림자인 것으로 생각하고 지내고 있는데, 하루는 이웃집 언니가 놀러 와서 이런저런 이야기를 하다가 좋은 이야기를 전해주는 것이 아닌가.

이야기인즉, 마침 우리 동네에 고명하신 다니구치 선생이라는 분이 오셔서 마을 학교 강당에서 강연을 하고 계신데, 의술에도 능하니 그분께 한번 눈병에 대해 상담을 받아보자는 것이었다. 그 언니는 다니구치 선생의 캐치프레이즈에 공감하여 조직된 '마음의 交友會'라는 모임의

회원이었다.

긴가민가하며 언니를 따라 나선 하루꼬는 넓은 강당에 모인 청중들이 기침소리 하나 없는 데 주눅이 들어 구석에 앉아 강연을 들다가 점점 빠져드는 자신

을 발견하였다. 폭포수와 같은 강연이 끝나고 하루꼬는 언니의 손에 이끌려 다니구치 선생을 만나 뵙고 인사를 드렸다. 하루꼬가 눈병의 시초로부터 증상, 그 동안 눈병으로 고생한 이야기, 전문의들도 치료 불능의 진단을 내려 실의의 나날을 보내고 있다는 자신의 심정을 토로하자, 조용히 듣고 있던 다니구치 선생은 눈을 진찰한 다음 확신에 찬 어조로 말하는 것이었다.

"당신의 눈병은 심인성(心因性)에 의한 마음의 병입니다. 병인은 마음의 병이 눈으로 집중 반사된 것이니, 안과전문의가 치료 불능의 진단을 내린 것은 어찌 보면 당연한 일입니다. 당신의 눈병을 고치려거든, 당신 마음속의 고민을 털어 내야 합니다. 자 ! 주저하지 말고 고민을 이야기해 보시오." 머뭇거리던 하루꼬가 별 생각 없이 "글쎄요... 특별한 고민은 없는데요."라고 대답하자, 다니구치 선생은 "잘 생각해 보세요. 분명히 당신 마음속에는 남에게 섣불리 말 못할 숨겨진 고민이 있을 겁니다."하는 것이 아닌가 ?

이 말에 하루꼬는 화들짝 놀라며, 번개처럼 뇌리를 스치는 것이 있었으니, 그것은 아버지에 대한 증오감이었다.

하루꼬가 눈물 반 이야기 반 섞어 기구한 자신과 아버지의 지나온 악연을 토로하자, 다니구치 선생은 "바로 그겁니다. 당신은 아버지에 대한 원망과 증오심이 누적되어 마음속에 응어리가 되었는데, 부끄러워 남에게 한탄은 못하고 가슴에 묻어두다 보니, 이 응어리가 해소되지 못하고 그것이 눈에 화기(火氣)를 불러 일으켜 눈병으로 나타난 것입니다. 그러니 당신은 겉으로는 눈병을 앓고 있지만, 실상은 심인성인 마음의 병을 앓고 있는 것입니다. 이제 병인(病因)을 찾았으니, 처방은 간단합니다. '내 눈병은 아버지를 증오하는 데서 생겼다.'는 것을 자주 암시하십시오. 그리고 옛날의 다정했던 아버지를 회상하면서 증오를 원망으로, 원망을 다시 연민의 정으로 바꿔 나가십시오. 어느 날 아버지에 대한 증오심이 눈 녹듯 사라지면, 당신의 눈병도 씻은 듯이 나을 것입니다."

하루꼬는 통한의 눈물을 발등에 떨어뜨리며 집으로 돌아왔다. 밤이 이슥해지자 아니나 다를까 골목 어귀에서부터 노래 소리와 고함과 욕설이 불협화음을 내며 왕왕 들리더니 점점 가까워졌다. 이윽고 술에 흠뻑 젖어 몸도 못 가누며 대문을 걸어차고 아버지가 술 냄새를 풍기며 들어왔다. 평소 같으면 몰래 도끼눈도 뜨고 자기 방구석으로 몸을 숨길 하루꼬였지만, 오늘은 달랐다.

아버지의 구두를 벗겨드리고 방으로 쫓아 들어간 하루코는 무릎을 꿇고 용서를 빌었다.

"아버지, 이 불효자식을 용서하여 주십시오. 제가 큰 죄인입니다."

하고 흐느끼자, 느닷없는 하루꼬의 태도에 주정뱅이 아버지도 찬물 바가지를 뒤집어쓴 듯 술기운이 싹 가시는 것이었다.

"저는 그동안 아버님을 증오하며 살아왔습니다. 이 나쁜 자식을 용서하여 주십시오."

하며 두 손 모아 빌자, 비록 취중이지만 아버지도 감격하여

"아니다. 이 못난 애비를 용서해 다오 ! "

하며 부녀가 부둥켜안고 목 놓아 울었다.

다음날부터 아버지가 술을 끊었음은 두말할 여지가 없으니, 비록 가난한 살림이었지만 남부러울 것이 없는 나날이 화살처럼 지나갔다. 일이 그리되다 보니 하루꼬의 무서운 고질 눈병이 어찌 자취를 감추지 아니했겠는가 ?

두번째 이야기

A검사가 위장병으로 7년째 고생을 하고 있었다. 병명은 신경성 위장염에 의한 위궤양(胃潰瘍)이었으나, 여러 병원을 찾아 치료를 받아보았지만 나아지기는커녕 증세가 점점 심해지는 것이었다. 그 역시 소문을 듣고 다니구치 선생을 찾아갔다. 그가 자신의 병력을 설명하자 고개를 끄떡이던 다니구치 선생은 신상에 대해 자세히 이야기해 보라는 것이었다. 옛 학창시절에는 고시준비를 하면서도 못 하는 운동이 없는 만능 선수였고, 성격도 양성적(陽性的)인 관계로 남달리 활발한, 그야말로 심신이 건강한 청년이었다. 그는

학교를 졸업하고 열심히 사법고시를 공부하여 검사가 되었다. 그러나 검사생활은 그야말로 경직되고 침울한 생활의 연속이었다. 우선 집을 나서면 햇빛 하나 비치지 않는 음산한 취조실이 그를 기다리고 있었다. 하나같이 창백하고 겁에 질린 채 포승줄에 굴비 엮듯이 묶여 한 사람씩 죄인이 들어서면, 그때부터 A검사는 하루 종일 그들과 신경전을 벌여야 했다. 때로는 가증스러움에 흥분도 하고, 때로는 연민의 정으로 남몰래 눈물도 흘리고 감정의 기복과 날카롭게 세운 신경을 잠시도 누그리지

못한 채 귀가하고 나면, 소파에 몸을 깊이 던져도 그의 뇌리 속은 복잡한 수사사건의 실마리들이 잠시도 떠나지 않는 것이었다. 그러다 보니 부부관계도 원만할 리 없었다.

A검사의 이야기를 듣고 난 다니구치 선생은 "선생이 이야기 속에서 이미 처방을 내리지 않았습니까?"하며 싱긋 웃는다. A가 어안이 벙벙하여 눈을 크게 뜨니, "당신의 위장병은 바로 스트레스 덩어리인 검사생활에서 온 심인성 질환입니다. 이미 병이 깊어져 약으로 다스리기는 때가 늦었으니, 검사직을 그만 두십시오. 그러면 얼마 안 있어 눈에 띄게 차도가 있을 것입니다."하는 것이었다. 흔히 '사람이 돈을 잃는 것은 조금 잃는 것이요, 명예를 잃는 것은 크게 잃는 것이고, 건강을 잃는 것은 전부를 잃는 것'이라는 이야기도 있지 않은가.

A검사는 다니구치 선생을 만난 이후 여러 날을 두고 혼자 곰곰이 생각하여 보았다. 그리고 마침내 그는 곧 천금같이 여기던 검사직을 헌신짝 내버리듯 사직하고, 차마 꿈에도 잊지 못하던 골이 깊고, 물이 수정 같은 고향으로 떠나는 기차에 몸을 실었다. 마음의 병은 이리도 간사하던가? 낙향 1년 만에 A검사, 아니 야인(野人) A씨가 다니구치 선생에게 보낸 편지는 여기 소개할 필요도 없는 일이다.

"우주를 질시하고 적대시하는 사람은 자기 스스로를 고통 속으로 몰아넣는 것과 같다. 미움의 철학과 증오의

심성에서 자신을 어떻게 건져낼 것인가? 이것이 자신의
가장 중요한 문제이다."

건강한 육체에 건강한 정신이 깃들고, 건강한 정신에
건강한 육체가 보전되는 것이다.

부록

한방 감기약의 적용

한방 감기약의 적용(適用)

序論 :

■감기란 그 자체는 이 세상 남녀노소 누구나 감기에
걸려 고통을 받지 않는 사람이 없다. 그리고 사람들
이 흔히 잘 앓고 있는 것이 또한 감기병이다. 결론적
으로 말한다면 오늘날까지 사람들을 끊임없이 괴롭
히는 감기병은 눈부신 고도의 첨단의학기술(尖端醫
學技術)의 연구발달에도 불구하고 감기를 정복할 수
있는 약품은 아직도 만들지 못하고 있다. 요즈음 감
기는 걸리게 되면 대단히 오래간다. 세계인들은 또한
신종 "사스(SARS)"와 같은 유행성전염감기(流行性
傳染感氣)에는 나라마다 무척 예방에 신경을 쓰고 있
으며 공포에 떨고 있다. 이에 따라 세계 의학자들은
감기 "바이러스(Virus)"의 박멸연구(撲滅研究)와 각
종 예방백신의 개발연구에도 불구하고 뚜렷한 결과
없는 것이 오늘의 현실이다.

▌감기의 내력과 근원

　감기의 내력을 살펴보면, 1918년에서 1920년에 이르러 "스페인"독감으로 미국에서만 55만명이 숨졌고 이 독감은 전 세계에서 2000만명 이상의 목숨을 앗아갔다. 그 후로도 1967년 아시아독감, 1968년 홍콩독감, 1977년 러시아독감으로 이어지면서 수천만명이 희생되었다. 언젠가 기사에서 본 것인데 독감"바이러스"는 발생지역 이름의 유형(類型)에 따라 A·B·C를 붙인다.

　요즈음 미국에서 맹위를 떨치고 있는 푸젠(福建) A형 독감은 얼마 전 발견된 "파나마"형의 변종이다. 홍콩당국은 푸젠(福建)型 독감이 "사스"보다 10배 위험하다고 경고하였다. 러시아 독감 이래 30년 가까이 잠잠하던 슈퍼독감이 창궐(猖獗)하는 게 아니냐는 우려도 있다. 지난 "사스"가 전염할 때도 화제였지만, 韓國人이 독감에 강한 건 김치·마늘·파의 섭식(攝食)덕분이라는 설이 있다. 때문에 한국의 김치는 감기예방에 우수성을 세계만방에 마치 좋은 방역약품처럼 알려졌다. 그런데 독감으로 인하여 우리나라에서도 매년 일만명 이상이 숨지는 것을 보면 우리 한국도 독감 안전지대가 아닌 게 분명하다. 일반적으로 의사들이 말하는 최고의 예방법은 여러 사람이 모이는 장소, 극장 등을 피(避)하고 밖에서 귀가한 뒤 손을 깨끗이 씻는 것이라 하였다.

▌현대의학적인 견해

감기병은 보통 상기도(上氣道), 비공(鼻孔), 인두강(咽頭腔), 후두강(喉頭腔) 등에 급성염증으로 흔히 말하는 콧물감기, 목구멍감기 등 심한 고열을 동반하여 사람을 괴롭히는 것이 감기병이다.

감기병에 대한 연구결과 감기에는 수다한 많은 종류의 세균(Virus)이 있음을 발견하였지만 사스(SARS)같이 신종세균(Virus)으로 악성, 전염성 감기의 병원체가 많이 있는 것으로 추정하고 있다. 옛적에는 몸을 차게 하면 감기가 든다고 생각하였다. 사실 추운계절에 감기가 잘 든다. 그런데 혹설에는 몸을 차게 굴어도 감기의 세균이 존재하지 않으면 감기에 걸리지 않는다는 연구학설도 있다. 또한 어떤 학자는 말하기를 밖에서 찬바람을 맞아 추위로 인하여 몸이 춥고 몸이 오싹오싹 으스스하는 것은 이미 감기가 들어 있는 초기증상이지 감기의 원인이 아니라는 사람도 있다. 또 한편 보면 감기에 잘 걸리는 사람이 있으면, 잘 걸리지 않는 사람도 있다. 그리고 일반적으로 어린아이들은 어른보다 감기가 잘 든다. 또 한편 시골 사람들은 도시에 사는 사람들보다 감기가 잘 든다. 또한 담배를 피우는 흡연자는 담배를 피우지 않는 사람과 비교하면 유행성의 호흡기 감염증, 말하자면 감기와 "인플루엔자"(전염성감기)에 걸리기 쉽다는 것이다. 또한 현대인들은 조직사회 생활 속에서 지치고 고된 바쁜 나날로 인한 정신적·육체적으로 무리하게 하다보니 결국 감기 몸살에 걸려 앓고 있는 것을 볼 수 있다.

감기증상 :

일반적으로 감기증세를 보면, 우선 콧속이 마르고 건조감을 느끼며 따라서 수시간 내에 코가 막히고 콧물과 재채기가 난다. 그리고 감기가 들어 48시간이 되면 눈알이 껌뻑이고 핏발이 서고 눈물이 나며 목이 쉬고 많은 콧물이 흐르며, 나아가서는 미각(味覺)과 취각(臭覺)이 떨어져가고, 기침이 나오며 가래가 나온다. 그리고 심하면 온몸이 쑤셔오며 특히 등과 팔다리에 진통을 느낀다. 이것을 흔히 말하는 "감기몸살"이라 한다. 어린 소아들은 보통 감기에 걸리면 열이 나는 것이 많다. 어른보다 감기증상이 무거우며 감기병으로 인한 합병증도 많다. 그런데 어른들의 감기에는 열없는 것이 흔하다. 반면 어른 감기에 고열과 기침을 심하게 한다면 무엇인가 2차적인 세균성감염에 의한 합병증인지를 생각할 필요가 있다.

감기는 일반적으로 보통 7일에서 14일간 계속한다. 그런데 대체적으로 사람에 따라 잘 치유가 되지만, 또한 합병증으로 좋지 않은 병세를 가지기도 한다. 예나 지금이나 감기는 만병의 근원이라 말한다. 만약 감기가 오래 계속된다면 단순한 감기라 생각하지 말고, 우선 의사의 적절한 치료를 받는 것이 상책이다. 감기는 옮기는 병이기 때문에 "인플루엔자"는 확실한 전염에 의한 유행성 감기병이다.

전문에서 서술한 바와 같이 1918년~1920년에 이르러 "스페인"의 독감은 온 세계를 크게 전염시켰다. 말하자면, 사람들은 감기와 "인플루엔자"에 대하여 혼동하고 있다. 예를 든다면, 유행성감기(인플루엔자)에 예방주사를 맞으면 감기에 걸리지 않는 것으로 알지만 이것은 틀린 생각이다. 대체적으로 말한다면 감기는 감기의 Viros에 의해 걸리고 또한 인플루엔자의 감기는 인플루엔자의 Viros에 의하여 걸리는 것이다. 따라서 인플루엔자의 감기증상은 보통감기보다 증상이 월등이 무겁기 때문에 사망하는 사람이 많다. 옛 그 당시 스페인의 인플루엔자 유행성 독감은 세계 여러 나라에서 2천만명 이상이 사망하였다. 증상은 합병증과 세균의 혼합감염으로 인한 여러 혼합증세였다. 단순한 감기병도 갑자기 오한(惡寒)이 나며 두통의 발열로 시작한다. 그리고 근육통(筋肉痛)과 관절통(關節痛)이 생기며, 전신 권태감(倦怠感)이 생긴다. 또한 열도 높아져 때로는 39~40도로 올라가지만 열은 3~4일 되면 해열되며 때로는 일주일간 계속되기도 한다.

유행성 전염감기는 학교에서 아동들이 가정으로 옮기며 각종 집회소, 기타 직장, 전철, 버스 교통기관 속에서,

영화관 등 대중 오락장에서 감염한다. 전염하는 것은 비말감염(飛沫感染)과 비말핵감염(飛沫核感染)에 의해 이루어진다. 비말감염이라 함은 눈에 보이지 않는 먼지 세균들이 무수히 공간을 떠다니는 것으로, 즉 감기세균에 감염한 사람이 상대 사람에게 기침, 재채기를 하며 말할 때에 비말이 되어 입속에서 튀어나와 혹은 근변에 있는 사람의 입속이나 콧속에 들어가 비말감염시킨다. 그리고 한편 비말의 세균 중에는 대단히 미소한 세균이기 때문에 한번 감염자의 입속에서 나온 세균은 공중에 머물러 여간해서 떨어지지 않고 몇 시간이고 공간에 떠돌고 다닌다. 어떤 사람이 그 곳에 와서 이 미소분자 Viros를 코·입으로 들이마시면 감염되는 것을 즉 비말핵감염이라 한다.

감기병은 면역기간이 짧아서 함부로 감기약을 무리하게 사용하면 안 된다. 그러나 유행성독감에는 예방백신이 효과적이며 감기 유행성 전염기에는 예방주사를 맞아두는 것이 좋다. 보통감기보다 인플루엔자 전염감기는 무서운 병이므로 간단히 생각하지 말고 일찍이 의사를 찾아가는 것이 좋다.

▌한방의학의 견해

한방의학에서는 감기를 이르기를 열성전염병이라 한다. 그리고 이 열성전염병에서 경증(輕症)을 중풍(中風)이라고 부르고 중증(重症)을 상한(傷寒)이라 한다. 구체적으로 말하여 감기를 중풍이라 하며 인플루엔자 독감감기를 상한이라 한다. 그리고 누구나 보편적으로 평생 잘 걸리는 감기를 이르기를 「만병의 근원」이라 한다. 말하자면 작은 병이라 가볍게 생각하였다가 큰 병 치른다는 뜻이다. 그리고 한방에서는 예부터 감기는 풍사(風邪)라고 하였다. 글자 쓰여진 대로 바람의 사기(邪氣)가 몸속에 침입하여 생긴 병이라고 생각하여왔다. 때문에 몸속에 병사(病邪)가 들어오면 초기에는 두통이 나고 발열하며 병증세가 진행함에 따라 위장장애 등 여러 증상이 나타난다. 그리고 한방의학의 기본이론은 환자의 병증을 치료면에서 크게 생각하여 보기를 환자로 하여금 연륜(年輪)을 거듭하면서 자연환경과 생활환경에 조화(調和)되어 왔는가? 즉 자연과 생활환경에 신체의 조화가 이루어졌다면 대부분의 병을 피할 수 있다. 그러나 이에 관해 위의 법칙을 무시하였든가 또는 어떤 욕심과 욕망에 빠져서 부섭생(不攝生)이 쌓였다면 병이 들었을 것이다.

여기에 남기고 싶은 말은 "식생(食生)"에 있다고 생각한다. 우리들의 건강한 몸을 유지하는 대는 하루하루에 식생활이 가장 중대하다고 생각한다. 하루하루의 음식물은 우리들의 육체를 만들고 신체활동을 위한 영양의 원소(에너지)가 되기 때문이다. 그리고 영양소가 충분한 건강한 몸은 웬만한 병을 물리치는 저항력이 존재한다. 지금 우리는 경제적으로 풍부한 물질만능시대(物質萬能時代)에 있어 식생활면에서 자기중심의 미각에 맞는 음식을 선호하는 사람들이 있다. 그 하나의 예를 보면 당뇨병(糖尿病), 알레르기-피부질환(皮膚疾患), 비만증(肥滿症) 등 어른 아이들 할 것 없이 날이 갈수록 증가하고 있다. 또한 반면 신경질적으로 예민(銳敏)하게 자연건강 식품만을 찾는 사람도 많다. 지나친 생각은 오히려 정신위생상 "마이너스"가 된다.

가령 감자 한 톨이라도 자기와 가까운 사람들과 다정하게 웃으며 즐겁게 먹으면 감자 한 톨 이상의 보약가치(補藥價值)가 나타난다. 반대로 고단백질(高蛋白質)의 "비프스테이크"라도 먹기 싫은 것을 억지로 먹는다면 본래의 영양가는 반감하게 마련이며 자기의 정신상태에 의해 소화기관에도 좋지 않은 영향을 준다. 때문에 식사시에는 가급적 즐거운 마음으로 섭식(攝食)하여야 한다. 따라서 부언한다면, 요점은 자기의 체질에 맞는 식생활의 밸런스를 찾는 데 있다. 가령 체질이 빈혈하며 몸에 냉증이 있는 사람이 생야채(生野菜)와 과실을 주식으로 먹는다면 병질에 좋을 일이 없다. 또한 알레르기 피부병체질(皮膚病體質)의 사람이 육류와 우유 등으로 편식(偏食)을 주로 하였다면 병질을 일층 악화시키게 마련이다. 한편,

서양의학에 있어서 감기에 걸린 것은 병원균(바이러스)에 감염(感染)된 때문이라고 한다.

그러나 한방의학의 입장에서는 체내의 기능과 저항력이 약해져 있기 때문에 병원균등의 외사(外邪)가 침입하여 병이 된 것으로 생각한다. 그런데 가령 유행성 감기(인플루엔자)가 한참 전염할 때 어떤 사람은 감염되고 또 어떤 사람은 그렇지 않은 것은 즉 병원균만이 감염의 원인이라 생각하지 않는다. 한방의학의 입장에서는 기혈의 부족이나 부조(不調)로 인하여 신체기능의 저하 또는 저항력이 약해진 때문이라고 간주한다. 그리하여 치료면에서 특히 기혈(氣血) 및 장부기능(臟腑機能)과의 관계에 대하여 한방의침구치료(鍼灸治療)는 허실(虛失) 등 이러한 관련성에 심사숙고하여 비단 감기병 뿐만 아니라 질병들에 관해 엄밀히 검토하여 병증을 가린다.

본문(本文)의 취지(趣旨) :

이 글을 쓰게 된 동기는 첫째, 대단히 쑥스러운 이야기이지만 나는 병을 고치는 치술자(治術者)이다. 그런데 남과 달리 나이에 비해 몹시 건강한 몸이다. 무엇이 어떻게 된 일인지, 젊을 때부터 감기라는 질병 때문에 오랜 해외생활과 국내생활을 통해 1년 12달 매년 어김없이 한두 번은 심한 감기에 걸려 지긋지긋한 고통의 신음 속에서 나를 괴롭혀온 것이 감기였다. 개중에는 가까운 사람의 눈알이 뻘겋게 상혈(上血)되고 말끝마다 바튼 기침을 하며 콧물을 들어 마시면서 "김형 술 한 잔 하십시다"하는 그의 친절하고 따뜻한 호의보다 나는 내심 마치 감기의 사자(使者)가 나를 잡으러 온 듯 공포에 질려 적당히 이유를 대고 바쁘게 도망 가버린다. 또 한 가지 실례를 들자면 어느 날 우연히 시내버스를 타고 가는데 하필이면 뒷좌석에 앉은 사람이 나의 머리 뒤통수에 대고 손으로 입도 가리지 않고 마구 기침을 하는 것이 아닌가! 그날따라 이발을 깨끗이 한 나의 뒤통수에 대고 말이다. 속말로 이 "싸가지"없는 인간이 어떤 모습인가? 뒤를 힐끔 쳐다 보니 넥타이 차림에 양복을 입은 안경을 쓴 50대로 보였다.

나의 분노는 지금도 지워버릴 수 없는 기억이었다. 그

리고 또한 옛 젊은 시절 어느 날 심한 감기가 들어 약국에서 감기 조제약(調劑藥)을 먹고 한참 사무를 보던 중 독한 감기약에 이기지 못하고 정신없이 잠이 들어 버린 적이 있다. 언젠가 이런 말을 들은 적이 있다. 평상시 잔병 하나 없이 건강하고 당당한 체격을 가진 노인이 시름시름 감기를 앓더니 갑자기 죽었다는 비보에 주위 사람들을 깜짝 놀라게 한다. 이렇듯 늙어가는 나도 지저분한 한낱 감기에 걸려 죽는 것이 아닌가? 하여튼 나는 감기병에 심한 "노이로제"에 걸려 있는 것이 사실이다.

작년에는 교재(敎材)의 저술(著述)과 교정·출판(矯正·出版) 때문에 밤낮을 가리지 않고 출강일에 교재를 맞추고자 바쁜 강박감(强迫感) 속에 나날을 보낸 결과는 부진·부조(不進·不調)한 나의 육체는 책이 출판간행이 끝나자 결국 병이 나고 말았다. 지치고 衰弱해진 몸은 심한 감기기침·콧물·가래가 계속 나오고 한쪽 귀가 먹어버렸다. 平生 나이 먹도록 눈, 귀, 치아를 앓아 본 일이 없다. 나는 이 사실에 대단히 비감하였다. 그 이후 몇 달이 지나고 원기가 회복되면서 귀도 차치 뚫려갔다. 그리고 매년 변절기마다 어김없이 나를 무섭게 괴롭혀 온 감기병에 관하여 서양의학이 고치지 못하는 한방의학에 관심을 가져보았다. 한방약이라고 감기가 잘 치유된다는 것은 아니다. 그러나 양방약보다 한방약은 약해로 인한 부작용이 없기 때문이다.

한편, 현재 감기치료에 불필요한 화학요법이나, 감기약

제, 강한 항생제, 진통제, 해열제 등의 사용으로 인하여 장내의 이로운 세균이 죽어버리고 또한 위장의 장애와 소화 장애 그리고 머리가 어지럽고, 속이 쓰리며 구토증 등 몸이 허약한 사람에게는 특히 부작용으로 인한 약해 가 더욱 심하다. 이러한 감기병의 사례들이 이 글을 엮게 한 동기이다.

여기에 열거한 약방문(藥方文)은 대표적 저명(著名)한 중국의 오랜 역사적 감기약 처방문이다. 이 글에 실려 있는 내용을 자세히 읽어보고 자신의 체질이 원래 허실(虛實)한 지? 우선 가려본다. 또는 자신의 감기증상에 관해 신열이 있는지? 반면 오싹오싹한 한기(寒氣)를 느끼는지? 콧물, 기침이 심한지? 증세에 맞는 약방문을 선택한다.

자기의 해당한 약방문을 써가지고 시내 한약방이나 경동시장 한약국에 가서 처방문을 보이고 한재(20첩)의 약재를 받은 후 약방문은 돌려받는다. 그것은 약을 복용한 후 감기병이 나면 차후 동명의 약 처방문이 필요하기 때문이다. 그리고 이 한방약은 대체적으로 일반인이 잘 모르기 때문에 일러두지만 비싼 보약재나 치료약재가 아니다. 때문에 생각보다 약값이 저렴하다고 생각한다.

『漢方感氣의 症狀別 藥과 解說』

(한방감기의 증상별 약과 해설)

▌갈근탕(葛根湯)

갈근탕은 예부터 누구나 일반적으로 잘 알려진 감기의 대표적 치료약이 갈근탕이다. 보통 또는 그 이상의 강건한 체격을 가진 사람이 감기에 걸렸으나 두통과 열도 없고 그리 추위도 없고 또는 땀도 잘 나지 않는 이러한 증상적인 사람에게 잘 사용하는 것이 "갈근탕"이다. 이 약을 마시고 이불을 덮고 한동안 잠을 자면서 땀을 흘리게 되면 몸이 경쾌해지는 것이 보통이다. 그러나 반면 2·3일 이상 지나도 오히려 열·한기(熱·寒氣)가 있고 식욕이 떨어지고 입속이 끈적거리며 혀(舌)에 백태(白苔)가 끼면 **소시호탕(小柴胡湯)**이 위에 전술한 증상에 적응한 약이다. 부언하면, 감기 초기치료에 허술히 생각하여 적용치 못한 것이다. 최초부터 "소시호탕"으로 치료하였다면 더욱 직효적 방법이라 본다.

▌계지탕(桂枝湯)

계지탕은 체력이 약하고 두통과 열·한기가 있는데도 몸에서 땀을 흘리는 사람이 있다. 이런 사람에게는 갈근탕 대신 계지탕이 유효하다.

▌마황부자세신탕(麻黃附子細辛湯)

마황부자세신탕은 몸의 추위를 느끼며 냉증있는 사람의 열을 재어보면 열은 있지만 자신의 열감을 느끼지 못한다. 다만, 한기만 느끼는 사람에게 "마황부자세신탕"을 잘 사용한다. 그리고 그 외에 진무탕(眞武湯)을 사용하지만 처방약 중에 부자(附子)라는 강한 약재를 다루기 때문에 미숙한 약사의 요법은 위험하다.

▌향소산(香蘇散)

향소산은 평소에 여기저기 몸이 아프며 신경질적이고 소화도 잘 못시키는 체질의 감기든 사람에게 "향소산"이라는 약이 무난하게 유효하다.

▌백호탕(白虎湯) 혹은 백호가인삼탕(白虎加人蔘湯)

백호탕은 감기에 걸려 몸이 오싹오싹 한기를 느끼는 것이 아니라 반대로 온몸에 뜨거운 열감을 느끼며 손·발이 뜨겁고 체온도 높으며 또는 목이 타는 증상의 경우에는 "백호탕" 또는 백호가인삼탕을 사용한다.

▌대승기탕(大承氣湯)

위에 언급한 백호탕의 증상보다 더욱 악화 진행하여 뱃속이 불러지고 변비증이 생기고 혀(舌)바닥이 마르고 흑태(黑苔)가 끼며 명치가 아프다고 말하는 이러한 증상에는 "대승기탕"이 유효하다.

그러나 이러한 중증상에는 방심하는 동안 자신의 병세에 적응하지 못하면 병이 크게 악화할지 모르니 반드시 전문의사에게 지도를 받아야 한다.

▌마황탕(麻黃湯)

일반적으로 어린아이 감기에는 갈근탕을 잘 사용하지만 마황탕이라는 한약 또한 잘 사용한다. 이 약은 아이의 증상이 두통과 체통이 일층 심할 때 마황탕을 사용한다.

▌오령산(五苓散)

오령산은 감기가 들은 어린아이는 때때로 구토(嘔吐)하기 시작한다. 그리고 처음에는 음식도 좀 먹는 것 같아 보여 괜찮다하는 상태에서 두세 번 지켜보아 감기에 의한 발병이라면 오령산약이 유효하다. 그리고 성인들에게는 이 약은 여름철에 몸을 차게 한 나머지 감기기운이 있게 되면 몸이 나른하여지고 물이 마시고 싶으며 여름을 타는 사람들에게 유효하다.

▌청서익기탕(淸暑益氣湯)

청서익기탕은 사람들이 감기를 앓고 치유 후 여름을 타서 몸이 나른하고 몸에 기운이 없을 때 보신회복제약으로서 유효하다.

▌계지탕(桂枝湯)

계지탕은 평소 몸이 약한 사람이 감기 초기의 증상을 부드럽게 하며 몸을 강장작용 시켜주며 또한 감기 초기에 머리와 목덜미가 아프고 콧물이 나며 열이 있고 몸에 한기를 느끼는 사람 등의 증상을 목표로 한 처방약이다. 그리고 또한 기침을 하면 행인(杏仁), 후박(厚薄)을 각 3gr을 가미한다. 그리고 더운 계지탕을 마시고 두터운 옷을 입고 몸을 덥게 하며 땀이 날 때까지 취침한다.

▌삼소음(參蘇飮)

삼소음은 위장이 약한 사람이 특히 초봄에서 여름철까지 감기에 잘 걸리는 사람에게 사용한다. 또한 기침을 한다면 유백피(柔白皮)와 행인(杏仁)의 각 3gr을 가한다. 이 약은 보통 체격이 충실한 사람에게도 적용된다.

감기약처방문(感氣藥處方文)

藥處方名 (약처방명)	藥材名 (약재명)
葛根湯 (갈근탕)	갈근(葛根), 마황(麻黄), 대추(大棗) 각 3gr 계지(桂枝), 작약(芍藥), 감초(甘草) 각 2gr 생강(生薑) 1gr
小柴胡湯 (소시호탕)	시호(柴胡), 반하(半夏), 황금(黄芩) 각 8gr 인삼, 대추(大棗), 감초 각 3gr 생강(生薑) 1gr
麻黄附子細辛湯 (마황부자세신탕)	마황, 세신 각 2gr, 포부자(炮附子) 0.3gr, 혹은 백천부자(白川附子) 1gr
香蘇散 (향소산)	시소엽(柴蘇葉) 4gr, 향부자(香附子), 진피(陳皮) 각 6gr 감초, 건강(乾薑) 각 1gr
白虎加人蔘湯 (백호가인삼탕)	지모(知母) 6gr, 석고(石膏) 16gr, 감초 2gr, 인삼 3gr
大承氣湯 (대승기탕)	대황(大黄) 4gr, 후박(厚朴) 8gr, 유고(硫苦) 4gr
麻黄湯 (마황탕)	마황 3gr, 계지 2gr, 행인(杏仁) 4gr, 甘草 1gr
五苓散 (오령산)	저령(豬苓), 복령(茯苓), 백출(白朮) 각 3gr 택사(澤瀉) 5gr, 계피(桂皮) 2gr
清暑益氣湯 (청서익기탕)	인삼, 백출, 맥문동(麥門冬) 각 3.5gr 오미자, 진피, 감초, 황백(黄柏) 각 2gr 당귀(唐歸), 황기(黄耆) 각 3gr
桂枝湯 (계지탕)	계지, 작약(芍藥), 대추(大棗), 생강(生薑) 4gr 감초 2gr
參蘇飲 (삼소음)	길경(桔梗), 소엽(蘇葉), 지각(枳殼), 진피, 반하(半夏), 복령(茯苓), 인삼 각 3gr, 전호(前胡), 갈근 각 6gr, 감초, 대추(大棗) 각 2gr, 목향(木香), 건강 각 1.5gr

참고 : 전문에서 감기증상별 약해설문을 충분히 읽어본 후 자신에게 해
당되는 약방문을 선택하여 결정한다.

전술한 바와 같이 많은 여러 사람들은 고통스러운 감기를 앓게 되면 감기약을 무리하게 사용하여 위(胃), 소화기관 등 약해(藥害)로 인한 부작용으로 고통을 받는 것을 보아왔다. 한편, 한방약은 강력한 양약보다 부작용(藥害)이 없기 때문에 한방감기약을 널리 권하고 싶은 심정에서 이 글을 엮어 보았다.

필자가 남겨 두고 싶은 말은, 여러분들이 아시다시피 이 세상에서 감기약을 먹고 당장에 낳는 약은 없다. 다만, 감기약을 먹고 감기증세를 가볍게 하고 증세를 좋아지게 치유되도록 노력하는 방도라 할 수 있다. 이것은 비단 감기약뿐만 아니라 모든 약도 마찬가지다. 의료자들이 환자의 질병을 치료하는 것은 병증상이 악화되지 않도록 열심히 노력하여 질병을 앓는 환자에게 최선을 다하여 의술을 베풀음으로써 병증세가 좋아져 병이 치유되도록 행하는 치료를 위한 치술이며 또한 의술의 수단 방법이다.

감기병에 최고의 묘약(妙藥)은 나의 체험에서 비춰 볼 때, <u>첫째 안정, 보온, 영양 섭취(攝食)</u>를 하고 한방 감기약을 복용하는 것이 묘책이다.

끝으로 이 글을 엮게 한 것은 지긋지긋하게 본인을 괴롭혀온 감기에 신음(呻吟)하다보니 나와 같은 처지에서 고통받고 있는 분들에게 조금이나마 도움이 될 수 있다면 필자로서는 더 없는 기쁨이라 생각한다.

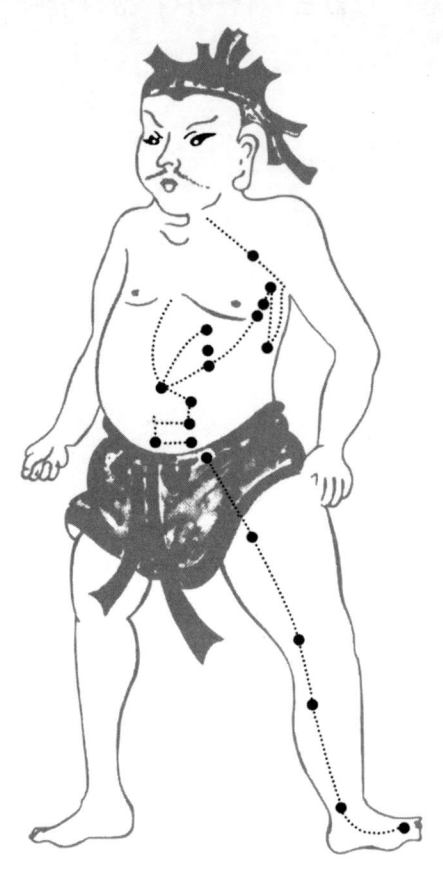

비타민 흡수방해약물(吸收妨害藥物) 해당영양표(該当營養表)
The Vitamin Deticiemcy Cause By a Imprudenent Medicine Dosage

(○. Mark Under Nourishments)

비타민 吸收妨害藥物 (흡수방해약물) The HIDRANCE MEDICINE OF VITAMIN'S ABSORPTION / 藥物名 MEDICAL DRUGS	비타민 VITAMIN									
	B1	B2	B6	B12	염산 Hydrochlic Acid	C	A	D	E	K
해열진통제 (解熱鎭痛劑) Pyretic Analgesics			●			●				
정신안정제 (精神安靜劑) Tranquilizers Pills			●	●	●	●		●		●
고혈압치료제 (高血壓治療劑) High hypertension Medicine			●	●						
체중감소제 (體重減少劑) Body Weight Decr				●	●		●	●	●	●
당뇨병치료제 (糖尿病治療劑) Diabetic drugs				●						
항생제 (抗生劑) Antibiotics drugs	●	●	●		●	●	●	●		●
설파(Sulf)劑 Sulfa-Merazine	●	●	●	●	●	●				●
결핵치료제 (結核治療劑) Pulmonary(T·B) drg				●		●				
경구피임제 (經口避妊劑) Vagina Contraceptive Pills	●	●	●	●	●	●	●	●		
신경안정제 (神經安靜劑) Nerve Tranquilizers					●					
수면제 (睡眠劑) Sleeping Pills					●	●		●		

〈저자소개〉

■ 김 동 옥

• **약력** 한의학 박사. 1933년 서울 출생.
　　1979. 태국 태경국의공회 한약 및 침구학 수료(침구사 자격증 취득)
　　1981. 북서 런던대학교 물료과 졸업
　　1981. 콜롬보 국립 카리버리야 의과대학원 부속 국제 침술대학 침마취 수료
　　　　　(침구사 자격증 취득)
　　1983. 세계 제3차 유럽 동양의학 학술대회(38개국 대표 참가)에서 대체의학
　　　　　박사 학위 취득(침구학)
　　1987. 북서 런던대학교 Ph.D 박사 학위 취득(동양의학)
　　　　　전 상명대학교 정치경영대학원(대체의학) 외래교수

• **저작** 新案 鍼灸診療(兩面回轉式) 探索圖表器(희랍國 특허 No.871756, 1987년도)
　　Acu & Moxi Med'l Trearment Detec.Dial
　　獸醫 鍼灸 診療 探索(兩面回轉式) 圖表器(1996년)
　　New VTN & Moxi Med'l Trearment Detec.Dial

• **저서** 耳針治療에 金絲皮內理針을 이용한 새로운 임상경험의 報告(논문)
　　축농증 질환에 관한 침구치료의 임상학적인 고찰
　　알기쉬운 동양의학(1993년)
　　경혈 주치증 일람표(1997년)
　　행림출판사(舌診入門)(일본어 역서, 2000년)
　　침구의학개론(2003년)
　　생전에 알아야 할 因果應報의 思想觀(2004년)

• **저자 연락처** TEL. (02)318-2209 H.P. 011-663-0217

100특효혈 자극요법

2005년 5월 5일 인 쇄
2005년 5월 15일 발 행

著 者　김　동　옥
發行人　秦　誠　遠
發行處　**경덕출판사**

서울시 성북구 정릉3동 653-41
　　등록 : 1974. 1. 9. 제1-72호
　　전화 : 912-0856, 917-6240
　　FAX : 912-4438
　　http://www.bookkd.com
　　jin@bookkd.com

값 12,000원
ISBN 89-91197-09-4